科学。奥妙无穷▶

月球漫步

YUEQIUMANBU

马少丽 编著

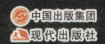
中国出版集团
现代出版社

目录

目录

月球的起源、概况和演变历史

"地球是人类的摇篮。人类绝不会永远躺在这个摇篮里，而是不断探索新的天体和空间。"这是"航天之父"、前苏联科学家、科幻作家齐奥尔科夫斯基的一句名言，也是人类成长的梦想。走出"摇篮"天地宽。今天，当地球面临着日益严峻的人口、粮食、环境、能源危机时，对外层空间的探索，向宇宙的广度和深度进军，已成为解决地球生存危机的一个最好出口。而月球——这个离地球最近的星体，也正成为许多国家及地区竞相抵达的太空第一站。

人类为什么把月球作为走出地球的首选目标？这是因为月球具有可供人类开发和利用的各种独特资源，也是人类通向外层空间理想的基地和前哨。月球具有的资源、能源和特殊环境，已经展现出广阔的开发利用前景，将对人类的可持续性发展作出重大贡献。随着地球资源逐渐匮乏，而月球上的资源几乎是取之不尽、用之不竭，开发利用月球资源将成为人类共同的愿望。月球表面具有高真空、无磁场、弱重力、高洁净和地质构造稳定的环境，对于建立月球天文观测基地、生物制品和新材料研制基地、对地观测站和深空探测前哨站均具有多方面的重大意义。月球是天文、空间物理、生命科学、对地观测和材料科学的理想研究场所。那么就让我们一起走进月球、了解月球吧！

大家知道，自古以来人们总是希望知道月球的真实面貌，总是希望探求月球的一些奥秘。从古代流传下来很多神话传说，也有很多诗人非常深情地赞美我们的月球。因为月球是属于地球的，月球是地球唯一的卫星。现在我们带大家走进月球世界，了解一下月球的真实情况。

月球的诞生 ＞

　　在科学的概念里，月球是地球唯一的天然卫星，它围绕着地球回旋不息，在它诞生的40多亿年里，从未离开过地球的身旁，是地球最忠实的伴侣。任何天体都有它形成、发展与衰老的演化过程。月球起源与演化的研究，对了解太阳星云的成分、分裂、凝聚与吸积过程，类地行星的形成与演化，地月系统的形成与演化等都具有重要意义。

　　月球的起源与演化一直是人类十分关注的自然科学的基本问题之一。100多年来曾有过多种关于月球起源与演化的假说，但至今仍众说纷纭，难以形成一个统一的说法。这些月球成因学说争论的焦点在于，月球是与地球一样，在太阳星云中通过星云物质的凝聚、吸积而独立形成，还是由地球分裂出来的一部分物质形成的？月球形成时就是地球的卫星，还是在后期的演化中被地球俘获而成为地球卫星的？

　　任何有关月球的起源的假说都必须符合以下一些基本事实：月球是地球的唯一卫星，月球的公转是围绕地月系统质量的质量中心旋转，月球的公转平面与地球的赤道面并不一致。月球的质量约为

地球的1/81，月球的平均密度为3.34克/立方厘米，只有地球平均密度的60%。月球与地球的平均成分差异很大，月球比地球富含难熔元素，匮乏挥发性元素和亲铁元素。月球比地球缺水，比地球还原性强。月球内部也有核、幔、壳的圈层状结构。月球表面岩石的年龄一般均大于31亿年，表明月球的演化主要是在其形成后的15亿年内进行的。

历史上有关月球起源的假说，大致可归纳为共振潮汐分裂说、同源说、俘获说和撞击成因说共4种假说。其中，前3种月球起源假说虽然对月球的化学成分、结构、运行轨道和地月关系的基本特征的解释均有不同程度的依据，但在地月成分与自转速度的差异、氧及其他同位素组成的相似性等方面，仍存在许多难以自圆其说的缺点。随着对月球研究的不断深入和认识的逐步深化，科学家又提出了新的假说。后期提出的撞击成因说引起了科学家们的极大关注，它能解释更多的观测事实，是当前较合理的月球起源假说。

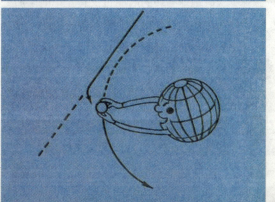

- 分裂说

月球的共振潮汐分裂说是月球起源研究中著名的假说之一。月球的共振潮汐分裂说坚持月球是地球的亲生女儿，即月球是从地球中分裂出来的。坚持这一假说的科学家认为，在地球形成的早期，地球呈熔融态，由于潮汐共振作用，地球自转不稳定，即使只考虑地球和月球的角动量，当时地球自转的周期也仅有 4 小时，加上太阳的潮汐作用，地球的自转周期可缩短到 2 小时，因此有理由相信，在地球历史的早期，地球飞快地旋转，其自转速率比现在要高得多。若初期的地球是熔融状态，地球物质在赤道面上将出现膨胀区，使在赤道面上的一部分熔体分离，或者说这部分熔融物质在地球高速自转情况下从赤道区被甩了出去，甩出去的物质在地球附近的行星际空间凝聚，冷凝后形成月球。一些持这种假说的人还认为，地球上的太平洋就是分裂出月球后留下的"疤痕"。由于这种假说提出月球是从地球分离出去的，因此被形象地比喻为"母女说"。不过，由于这一假说与地月系的基本特征不相符，现在已经被大多数科学家摈弃。

• 同源说

月球起源的同源说坚信月球与地球是姐妹或兄弟关系，月球与地球在太阳星云凝聚过程中同时"出生"，或者说在星云的同一区域同时形成了地球和月球。主张这一假说的科学家认为，在原始太阳星云内，温度和化学成分取决于与太阳的距离。太阳系的各个行星是在星云中不同的区域、由不同化学成分的星云物质凝聚、吸积而形成的。月球与地球在太阳星云中相距较近，形成过程相似，属于同时形成的"兄弟"。

对于地球与月球成分上的差异，他们解释说，形成行星时，开始是凝聚、吸积并形成以铁为主要成分的行星核，金属核进一步增长之后，星云中残留的非金属物质才凝聚，月球就是地球形成后剩下的残余物质所组成的。同源说力图合理解释地球与月球成分差异和月球的核、幔与壳的组成，但其模式与太阳星云的凝聚过程和地月系的运动特征不尽相符。因此，这一假说也不尽人意。

11

• 俘获说

  月球俘获说认为，月球是地球抢过来的"女儿"，即地球与月球由不属于同一星云团的物质形成，由于地—月轨道的变化，在1~10个地球半径范围内，外来的月球在飞过地球附近时被地球的强大引力捕获，最终成为一颗环绕地球运行的卫星。主张俘获说的科学家认为，地球和月球处在太阳星云的不同部位，由化学成分不同的星云物质凝聚而形成。月球原来的运行轨道与地球的轨道面交角很小（约5°），当月球运行到地球附近时，在地月距离为10个地球半径的范围内，月球可能被地球俘获而成为地球的卫星。

  著名天文学家阿尔芬认为，月球曾经是一个独立的行星，月球被地球俘获时，与地球的距离大约为26个地球半径，与地球的平面的交角为149°。如果月球进入地球的洛希限，潮汐会产生很强的非均一重力场，月球表面的岩石将会破碎，并进入月球运行的轨道空间，大部碎片物质又返回月球，撞击月球，在月表产生大量的月海盆地。月球正面在39亿年前发生的开凿月海事件——雨海事件也许是俘获

说的重要证据。通过地月轨道的精细计算及激光测距的数据表明，现今月球的轨道愈来愈远离地球，每年后退约3.8厘米。不过，俘获说只能解释部分观测事实，不能令人满意。因此，不断有人另辟蹊径，提出新的假说。

• 撞击说

分裂说、同源说、俘获说这些关于月球起源的假说只能解释部分观测事实，不能令人满意。因此不断有科学家另辟蹊径，提出新的假说。其中，20 世纪 80 年代中期提出的撞击成因说引起了人们的极大关注，它能解释更多的观测事实，是当前较合理的月球起源假说。

撞击成因说也被称为"大碰撞分裂说"，这一假说认为，地球早期受到一个火星大小的天体撞击，撞击碎片（即两个天体的硅酸盐幔的一部分）最终形成了月球。撞击成因说认为，在太阳系形成早期，行星际空间有大量星云，星云经过碰撞、吸积而逐渐增大。大约在相当地月系统存在的

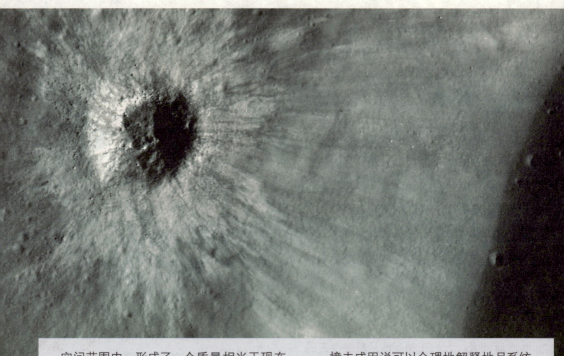

空间范围内，形成了一个质量相当于现在地球质量 9/10 的"原地球"和另一个火星大小的天体"原月球"。这两个天体在各自的演化过程中都形成了以铁为主的金属核和由硅酸盐组成的幔和壳。由于这两个天体相距不远，因此有机会发生碰撞。剧烈的碰撞不仅使"原地球"的自转产生了偏斜，而且使"原月球"碎裂，幔和壳变热蒸发，膨胀的气体"裹挟"着尘埃和少量的幔物质飞离原月球。被分离的金属核因受膨胀气体的阻碍而减速，被"原地球"吸积并变成了地球的一部分。飞离的气体尘埃物质受地球引力的作用，呈盘状分布在洛希限以外的空间，它们通过吸积，先形成一些小天体，然后像滚雪球一样不断吸积增长，最终形成现在的月球。

撞击成因说可以合理地解释地月系统的基本特征，如地球自转轴的倾斜与自转加速、月球轨道与地球赤道面的不一致、月球是太阳唯一的与主行星质量比为 1/81 的卫星、月球富含难熔元素而匮乏挥发性元素和亲铁元素、月球的密度比地球低以及月球形成初期曾产生过广泛熔融、存在过岩浆洋等事实，因此撞击成因说是当今较为合理、较为成熟的月球起源学说，逐渐获得了大多数学者的支持。2006 年，欧洲宇航局的绕月航天器 Smart—1 完成对月球表面化学成分的测定，测定结果显示月球表面含有包括钙和镁在内的一些化学元素。这次发现为月球起源的"大碰撞分裂说"提供了有力证据。

中国关于月亮的最早记载

中国有关月亮的记载，最早出现于帝俊的神话中，《山海经·大荒西经》说："帝俊之妻常羲，生月十有二，此始浴之。"帝俊是殷商民族神话中的人物，仅《山海经》的《大荒西经》有零星的记载，除此以外，任何古籍再无记载。从"帝俊生后稷"的记载看，帝俊的神话已经相当晚了，近乎文字发明的时期，根本不能与盘古、女娲的神话相提并论。

引文中帝俊之妻常羲，实际上就是嫦娥，很明显，它综合了嫦娥的神话。那么，嫦娥是什么时代的神呢？实际上是在"天地分离"之后，天上出现了10个太阳，然后才有后羿射日及嫦娥奔月之说。可见月亮神话在中国整个神话系列中，出现的时期很晚，大约是在"天地分离"、"大洪水"之后才有了关于月亮的记载。

月球漫步

月球的结构 〉

　　月球有壳、幔、核等分层结构。最外层的月壳平均厚度约为60~65千米。月壳下面到1000千米深度是月幔，它占了月球的大部分体积。月幔下面是月核，月核的温度约为1000℃，很可能是熔融状态的。月球直径约3476千米，是地球的1/4、太阳的1/400。月球的体积只有地球的1/49，质量约7350亿亿吨，相当于地球质量的1/80左右，月球表面的重力约是地球重力的1/6。在望远镜发明之前，古代的人们只能在晴朗的夜晚，用眼睛仰望皎洁的明月。看到月亮表面有明有暗，形状奇特，于是人们就编出如嫦娥奔月、吴刚伐桂、玉兔捣药等美丽神话。古希腊人则把月球看作美丽的狩猎女神阿尔忒弥斯，并且把女神狩猎时从不离身的银弓作为月球的天文符号。

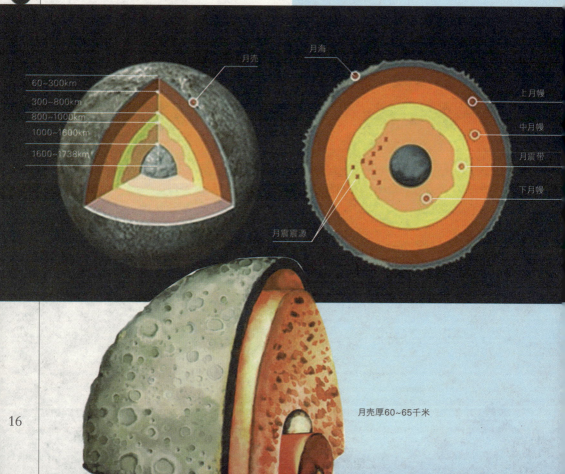

60~300km
300~800km
800~1000km
1000~1600km
1600~1738km

月壳

月海

上月幔

中月幔

月震带

下月幔

月震震源

月壳厚60~65千米

16

月球的形状 >

　　月球并不是一个非常圆的球体,可能是由于地球重力影响的结果,月球在总体形状上有轻微的不对称现象,月壳在月球背面较厚,而大部分火山熔岩充填的大型月海盆地多存在于月球正面。月球大的质量密集区位于大型月海盆地之下。

月亮之上有什么 〉

月亮上到底有什么？总想知道月球究竟是什么样子，很想知道"桂花树"究竟是怎样的形态。吴刚一刻不停地砍树，但砍完这棵树又复原，究竟是什么力量使桂花树永远没有办法砍倒？神话故事中月亮上有广寒宫，嫦娥在那里孤独地生活，除了玉兔就没有其他什么人了。那么究竟月球是什么样的呢？月球表面有阴暗的部分和明亮的区域。阴暗的部分称为"月海"，明亮的部分是"山脉"。

• 月海

早期的天文学家在观察月球时，以为发暗的地区都有海水覆盖，因此把它们称为"海"。著名的有云海、湿海、静海等。月球上已确定的月海有22个，此外还有些地形称为"月海"或"类月海"的。公认的22个月海绝大多数分布在月球正面，背面有3个，4个在边缘地区。在正面的月海面积大于总面积的50%，其中最大的"风暴洋"面积约500万平方千米，是差不多9个法国的面积总和。月背上完整的"海"只有2个，不足月背总面积的10%，分别为莫斯科海和理想海。

大多数月海大致呈圆形或椭圆形，且四周多为一些山脉封闭住，但也有一些海是连成一片的。除了"海"以外，月球上还有5个地形与之类似的"湖"——梦湖、死湖、夏湖、秋湖、春湖。尽管名之以湖，但有的湖比海还大，比如梦湖面积7万平方千米，比汽海等还大得多。月海伸向陆地的部分称为"湾"和"沼"，都分布在月球正面，湾有5个：露湾、暑湾、中央湾、虹湾、眉月湾；沼有腐沼、疫沼、梦沼3个，其实沼和湾并没有太多的区别。

月海的地势一般较低，类似地球上的盆地，月海比月球平均水平面低1~2千米，个别最低的海如雨海的东南部甚至比周围低6000米。月面的返照率（一种量度反射太阳光本领的物理量）也比较低，因而看起来显得较黑。

· 环形山

月亮上坑坑洼洼的表面是距今 38 亿到 41 亿年前受到宇宙中岩石的强烈撞击而形成的。这一强烈的岩石冲击远远胜过拳击沙袋所承受的频频打击，留给月亮的是遍体的坑洞，科学家称之为环形山。

环形山这个名字是伽利略起的。最大的环形山是南极附近的贝利环形山，直径 295 千米，比海南岛还大一点。小的环形山甚至可能是一个几十厘米的坑洞。直径不小于 1000 米的大约有 33 000 个。占月面表面积的 7%~10%。从实地勘探中发现，月球上总共有 30 多万座环形山，星罗棋布，彼此环抱，最大的环形山直径近 300 千米、海拔高达 6000 米以上，十分壮观。月球表面的每一座环形山，每一处陨石坑都是其漫长历史中经历各种陨石的撞击以及其他破坏而形成的。

其中最大的一块陨石在距今 43 亿年前时把月球的南极撞掉了一大块，以至于现在月球的南极"陆地"形状仍比北极显得"扁"一点儿，而撞击留下的凹坑现在成了月球上可能蕴含水的地点。

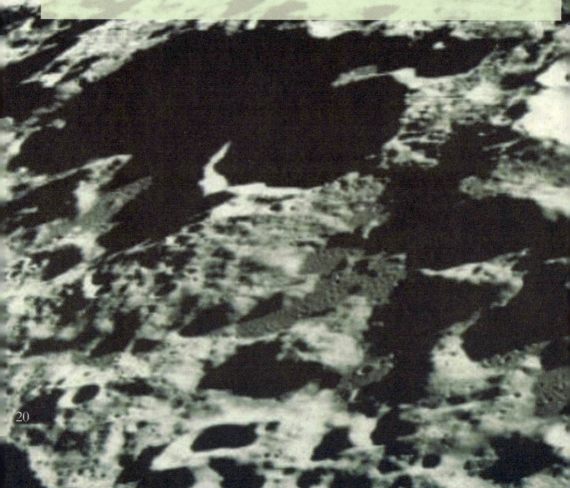

• 月陆和山脉

月面上高出月海的地区称为月陆，一般比月海水平面高 2~3 千米，由于它返照率高，因而看来比较明亮。在月球正面，月陆的面积大致与月海相等，但在月球背面，月陆的面积要比月海大得多。通过同位素测定知道月陆比月海古老得多，是月球上最古老的地形特征。

在月球上，除了犬牙交错的众多环形山外，也存在着一些与地球上相似的山脉。月球上的山脉常借用地球上的山脉命名，如阿尔卑斯山脉、高加索山脉等等，其中最长的山脉为亚平宁山脉，绵延 1000 千米，但高度不过比月海水平面高三四千米。山脉上也有些峻岭山峰，过去对它们的高度估计偏高。现在认为大多数山峰高度与地球山峰高度相仿，最高的山峰（亦在月球南极附近）也不过 9000 米和 8000 米。月面上 6000 米以上的山峰有 6 个，5000~6000 米 20 个，4000~5000 米则有 80 个，1000 米以上的有 200 个。月球上的山脉有一普遍特征：两边的坡度很不对称，向海的一边坡度甚大，有时为断崖状，另一侧则相当平缓。

• 月面辐射纹

　　月面上还有一个主要特征是一些较"年轻"的环形山常带有美丽的"辐射纹"，这是一种以环形山为辐射点的向四面八方延伸的亮带，它几乎以笔直的方向穿过山系、月海和环形山。辐射纹长度和亮度不一，最引人注目的是第谷环形山的辐射纹，最长的一条长1800千米，满月时尤为壮观。其次，哥白尼和开普勒两个环形山也有相当美丽的辐射纹。据统计，具有辐射纹的环形山有50个。

　　形成辐射纹的原因至今未有定论。实质上，它与环形山的形成理论密切联系。现在许多人都倾向于陨星撞击说，认为在没有大气和引力很小的月球上，陨星撞击可能使高温碎块飞得很远。而另外一些科学家认为不能排除火山的作用，火山爆发

时的喷射也有可能形成四处飞散的辐射形状。

• 月谷

　　地球上有着许多著名的裂谷，如东非大裂谷。月面上也有这种构造——那些看来弯弯曲曲的黑色大裂缝即是月谷，它们有的绵延几百到上千千米，宽度从几千米到几十千米不等。那些较宽的月谷大多出现在月陆上较平坦的地区，而那些较窄、较小的月谷（有时又称为月溪）则到处都有。最著名的月谷是在柏拉图环形山的东南连结雨海和冷海的阿尔卑斯大月谷，它把月球上的阿尔卑斯山拦腰截断，很是壮观。从太空拍得的照片估计，它长达130千米，宽10~12千米。

23

月球漫步

月球的演化 >

　　科学家将月球漫长的演化历程分为6个阶段：

　　第一阶段：月球的形成前阶段（距今58亿—46亿年）

　　太阳系的元素起源（距今58亿—50亿年）：现今太阳系元素和同位素组成的格局是在前一代恒星的元素合成的基础上形成的，这些元素（及其同位素）是形成太阳星云的物质基础。

　　太阳星云的凝聚（距今50亿—46亿年）：在以原太阳为中心的太阳星云盘中，元素产生分裂、凝聚、吸积和级序增生，在不同距离的不同空间和温度区域，形成化学成分不同的星云。

YUE QIU MAN BU

第二阶段：月球的形成及其初始阶段（距今46亿—44亿年）

根据各种测年技术对陨石形成年龄的测定，太阳系各种天体的形成年龄一般为45.6亿年。月球和地球岩石的精细测量表明，月球形成的年龄为45亿年，而地球的形成年龄约为44.8亿年。

月球的早期熔融（距今45亿—44亿年）：根据月球热历史的研究，在月球形成后不久，整个月球曾发生过多次局部熔融，月球的大部分曾被加热到1000℃以上，甚至形成过全球性的岩浆洋。月球内部物质通过熔融、重力调整，逐渐形成月核、月幔、月壳结构。原始月壳可能因后期大量小天体的撞击而难以保存。

第三阶段：月球的区域熔融与月球高地形成阶段（距今44亿—40亿年）

距今41亿年前，月球产生过一次规模较大岩浆活动，通过岩浆分离作用，形成了斜长岩高地（月陆区）。月球高地的岩石一般都有复杂的碎裂变形或多次撞击作用的变质历史。小天体的频繁撞击，使月球高地削低了1500~2000米。距今40亿年前，斜长岩局部熔融，产生了富含放射性元素和难熔元素的岩浆活动，岩浆凝结后就形成了非月海玄武岩（克里普岩和苏长岩）。斜长岩与非月海玄武岩是月面残存的最古老的岩石。

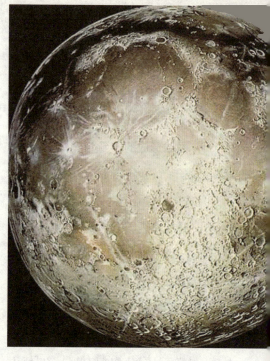

第四阶段：月海的形成与月海泛滥阶段（距今40亿—31亿年）

月海的形成（雨海事件）（距今40亿—39亿年）阶段：雨海纪是月球灾变时期。由于大量小天体猛烈而频繁地撞击月球，在月球表面就开凿形成了月海盆地（大型环状构造）。根据各月海岩石的同位素年龄研究，月海的形成年龄集中在39亿年前±0.5亿年，各月海的形成次序从早到晚大致是酒海、澄海、湿海、危海、雨海、东海……

月海泛滥（月海玄武岩喷发）（距今39亿—31亿年）阶段：月海玄武岩喷发填

充月海发生在距今39亿—31亿年前，是由月球产生的第二次大规模火山岩浆活动引起的。根据月海玄武岩的年龄测定，至少有5次月海玄武岩喷发。月海玄武岩填充的时间依次为：雨海西→雨海东→湿海→危海→雨海→静海→丰富海→澄海→风暴洋。

第五阶段：月球晚期演化阶段（距今31亿年至今）

这一阶段在月球地质历史中称为艾拉托逊纪与哥白尼纪。31亿年以来，虽然小天体的撞击引起的小型火山喷发活动时有发生，潮汐作用诱发的月震活动仍较活跃，但月球表面形貌已基本定型，月球内部的化学演化处于停滞状态。距今20亿年前，月球似乎经受过一次明显的加热事件，但原因不明。艾拉托逊纪形成的辐射撞击坑、辐射纹较暗淡或已消失。哥白尼纪形成的辐射坑则具有明显的辐射纹。

局部的小型岩浆活动和火山活动仍可能存在，如链状月坑的分布可能是沿断裂分布的火山口，也可能是碎裂的彗星连续撞击月表所形成的。月岩和月壤在月球表面的暴露年龄证明，近500万年以来，月球表面仍然不断地遭受到太阳系小天体的撞击。

第六阶段：月球的现状

月球经历了45亿年的演化，现今已成为一个内部能源近于枯竭、内部活动近于停滞的僵死的天体，仅有极其微弱的月震活动。小天体的撞击和巨大的温差是月球表面最主要的地质营力，它使岩石机械碎裂、月壤层增厚、地形缓慢夷平。现今月球的表面是一个无大气、无水、干燥、无声、无生命活动的死寂的世界。

YUE QIU MAN BU

月球的运动轨迹 ⟩

　　月球27.321 666天绕地球运行一周，而每小时相对背景星空移动0.5°，即与月面的视直径相若。与其他卫星不同，月球的轨道平面较接近黄道面，而不是在地球的赤道面附近。相对于背景星空，月球围绕地球运行（月球公转）一周所需时间称为一个恒星月；而新月与下一个新月（或两个相同月相之间）所需的时间称为一个朔望月。朔望月较恒星月长是因为地球在月球运行期间，本身也在绕日的轨道上前进了一段距离。

　　严格来说，地球与月球围绕共同质心运转，共同质心距地心4700千米（即地球半径的2/3处）。由于共同质心在地球表面以下，地球围绕共同质心的运动好像是在"晃动"一般。从地球北极上空观看，地球和月球均以逆时针方向自转，而且月球也是以逆时针绕地运行，甚至地球也是以逆时针绕日公转的。而从地球南极上空观看，地球和月球均以顺时针方向自转；而且月球也是以顺时针绕地运行；甚至地球也是以顺时针绕日公转的，形成这种现象的原因是地球、月球相对于太阳来说拥有相同的角动量，即"从一开始就是以这个方向转动的"。

【轨道资料】

平均轨道半径 384 400 千米

轨道偏心率 0.0549

近地点距离 363 300 千米

远地点距离 405 500 千米

平均公转周期 27天7小时43分11.559秒

平均公转速度 1.023千米/秒

轨道倾角 在28.58°与18.28°之间变化

（与黄道面的交角为5.145°）

升交点赤经 125.08°

近地点辐角 318.15°

默冬章19 年

平均月地距离约384 400 千米

交点退行周期 18.61 年

近地点运动周期 8.85 年

食年 346.6 天

沙罗周期18 年 10/11 天

轨道与黄道的平均倾角 5° 9'

月球赤道与黄道的平均倾角 1° 32'

【物理特征】

赤道直径 3476.2 千米

两极直径 3472.0 千米

扁率 0.0012

表面面积 $3.976×10^7$ 平方千米

扁率 0.0012

体积 $2.199×10^{10}$ 立方千米

质量 $7.349×10^{22}$ 千克

平均密度 水的3.350倍

赤道重力加速度 1.62 m/s^2

月球上的重力是地球的1/6

逃逸速度 2.38千米/秒

自转周期 27天7小时43分11.559秒
（同步自转）

自转速度 16.655 米/秒（于赤道）

自转轴倾角 在3.60° 与6.69° 之间变化
（与黄道的交角为1.5424°）

返照率 0.12

满月时视星等 −12.74

表面温度 −233℃~123℃ （平均−23℃）

大气压 $1.3×10^{-10}$ 千帕

【月球周期】

恒星月 27.321 661 相对于背景恒星

朔望月 29.530 588 相对于太阳（月相）

分点月 27.321 582 相对于春分点

近点月 27.554 550 相对于近地点

交点月 27.212 220 相对于升交点

月相——月的阴晴圆缺

"人有悲欢离合，月有阴晴圆缺"，这里的圆缺就是指"月相变化"，即在地球上所看到的月球被日光照亮部分的不同形象。

月相是天文学中对于地球上看到的月球被太阳照明部分的称呼。月球绕地球运动，使太阳、地球、月球三者的相对位置在一个月中有规律地变动。因为月球本身不发光，且不透明，月球可见发亮部分是反射太阳光的部分。只有月球直接被太阳照射的部分才能反射太阳光。我们从不同的角度上看到月球被太阳直接照射的部分，这就是月相的来源。月相不是由于地球遮住太阳所造成的（这是月食），而是由于我们只能看到月球上被太阳照到发光的那一部分所造成的，其阴影部分是月球自己的阴暗面。

月相变化 〉

1. 约在农历每月三十或初一, 月球位于太阳和地球之间。地球上的人们正好看到月球背离太阳的暗面, 因而在地球上看不见月亮, 称为新月或朔。此月相与太阳同升同落, 即清晨月出, 黄昏月落, 只有在日食时才可觉察它的存在。

2. 新月过后, 月球向东绕地球公转, 从而使月球离开地球和太阳中间而向旁边偏了一些, 即月球位于太阳的东边。月

球被太阳照亮的半个月面朝西, 地球上可看到其中有一部分呈镰刀形, 凸面对着西边的太阳, 称为蛾眉月。蛾眉月日出后月出, 日落后月落, 与太阳同在天空, 在明亮的天空中, 故看不到月相。只有当太阳落山后的一段时间才能在西方天空看到蛾眉月。

3. 约在农历每月初七、初八, 由于月球绕地球继续向东运行, 日、地、月三者

34

的相对位置成为直角，即月地连线与日地连线成90°。地球上的观察者正好看到月球是西半边亮，亮面朝西，呈半圆形叫上弦月。上弦月约正午月出，黄昏时，它出现在正南天空，假设观察者位于北半球中纬度，子夜从西方落入地平线之下，上半晚可见。

4. 约在农历每月十一、十二，在地球上的观察者看到月球西边被太阳照亮部分大于一半，月相变成凸月。凸月正午后月出，黄昏时在东南部天空，月面朝西，然后继续西行，黎明前从西方地平线落下，大半晚可见。

5. 农历每月十五、十六，月球运行到地球的外侧，即太阳、月球位于地球的两侧。由于白道面与黄道面有一夹角θ（θ平均值为5° 09′）通常情况下，地球不能遮挡住日光，月球亮面全部对着地球，人们能看到一轮明月，称为满月或望。满月在傍晚太阳落山时的东方地平线上升起，子夜时位于正南天空，清晨时从西方地平线落下，整夜都可以看到月亮。

6. 再过几天，农历每月十八、十九，月相又变成凸月，月面朝东。此时为黄昏后月出，正午前月落，大半晚可见。

7. 农历每月廿二、廿三，太阳、地球和月球之间的相对位置再次变成直角，月球在日地连线的西边90°。这时我们看到月球东半边亮呈半圆形，月面朝东，称为下弦月。它在子夜时升起在东方地平线上，黎明、日出时高悬，于南方天空，正午时从西方地平线落下，下半晚可见。

8. 再过几天，农历每月廿五、廿六，月相又变成蛾眉月，亮面朝东。此时子夜后月出，黄昏前月落，黎明前可见。月球随后继续向东运行，又运行到太阳和地球之间，月相变为朔。

可见，月相的变化依次为：新月（初一）→蛾眉月→上弦月（初七、初八）→凸月→满月（十五、十六）→凸月→下弦月（廿二、廿三）→蛾眉月→新月。月球绕地球公转一周，月相由朔到下一次朔所经历的时间间隔，即月相变化的周期，叫作朔望月。

月球漫步

YUE QIU MAN BU

恒星月与朔望月 〉

日、地、月大致在同一直线上时,正是在地球上月圆之时,自此时开始,月球相对于恒星绕地球运转360°,这段时长约27.3天,被看作月亮的运动周期,因这个周角是相对恒星来说的,所以对应周期叫作恒星月。

而这段时间内地球绕太阳公转也要移动一段距离,此时日、地、月有一定夹角,日、地、月大致共线还有一段时间,大致再过2.2天月球随地球一起运转到达新的位置,终于再次出现三星大致共线,方始再次出现地球上的月圆。于是对于地球来说,月相变化才算是完成了一个周期,再次出现朔望,所以这个周期叫作一个朔望月,时长大致是27.32天+2.21天=29.53天。故朔望月时间比恒星月长。

月球绕地球公转的轨道面(白道面)与地球绕太阳公转的轨道面(黄道面)之间有5°夹角,因此新月或满月时月地日之间往往并非完全是一条直线。当月地日之间完全是一条直线时就可以观察到日食(新月时)或月食(满月时)。正是由于这5°的倾斜,每月都有新月和满月,然而并非每月都有月食和日食。

月相变化歌

初一新月不可见，只缘身陷日地中，

初七初八上弦月，半轮圆月面朝西。

满月出在十五六，地球一肩挑日月，

二十二三下弦月，月面朝东下半夜。

关于月相变化，另外一个方便记忆的口诀是：上上上西西、下下下东东。意思是：上弦月出现在农历月的上半月的上半夜，月面朝西，位于西半天空；下弦月出现在农历月的下半月的下半夜，月面朝东，位于东半天空。

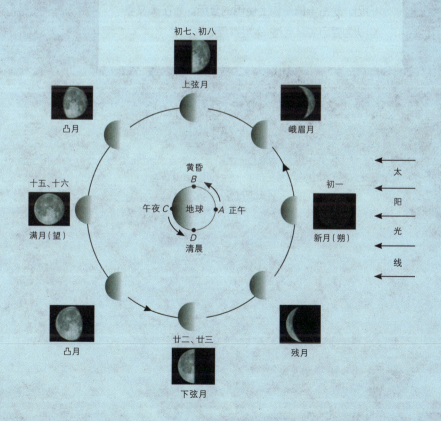

月相与阴历

　　阴历在天文学中主要指按月亮的月相周期来安排的历法。以月球绕行地球一周（以太阳为参照物，实际月球运行超过一周）为一月，即以朔望月作为确定历月的基础，一年为十二个历月的一种历法。在农业气象学中，阴历俗称农历、殷历、古历、旧历，是指中国传统上使用的夏历。而在天文学中认为夏历实际上是一种阴阳历。

天文学的光辉

法国著名天文学家弗拉马里翁早在100多年前就称颂月光是"天文学的光辉","这一光辉照亮了人们研究这门科学的道路。"英国学者朱尔斯·卡什福特评述:月亮早已成为人类梦想的源泉,其循环往复的月相变化引导人们不断探索有关永恒、时间和死亡的主题,给了人类一个广阔的想象空间。

天文学的起源、发展和历史 >

　　天文学的起源可以追溯到人类文化的萌芽时代。远古时代，人们为了指示方向、确定时间和季节，而对太阳、月亮和星星进行观察，确定它们的位置、找出它们变化的规律，并据此编制历法。从这一点上来说，天文学是最古老的自然科学学科之一。

　　早期天文学的内容就其本质来说就是天体测量学。从16世纪中哥白尼提出日心体系学说开始，天文学的发展进入了

尼古拉·哥白尼

42

全新的阶段。此前包括天文学在内的自然科学，受到宗教神学的严重束缚。哥白尼的学说使天文学摆脱宗教的束缚，并在此后的一个半世纪中从主要纯描述天体位置、运动的经典天体测量学，向着寻求造成这种运动力学机制的天体力学发展。

18—19世纪，经典天体力学达到了鼎盛时期。同时，由于分光学、光度学和照相术的广泛应用，天文学开始朝着深入研究天体的物理结构和物理过程发展，诞生了天体物理学。20世纪现代物理学和技术高度发展，并在天文学观测研究中找到了广阔的用武之地，使天体物理学成为天文学中的主流学科，同时促使经典的天体力学和天体测量学也有了新的发展，人们对宇宙及宇宙中各类天体和天文现象的认识达到了前所未有的深度和广度。

天文学就本质上说是一门观测科学。天文学上的一切发现和研究成果，离不开天文观测工具——望远镜及其后端接收设备。在17世纪之前，人们尽管已制作了不少天文观测仪器，如中国的浑仪、简仪，但观测工作只能靠肉眼。1608年，荷兰人李波尔赛发明了望远镜，1609年

伽利略

伽里略制成第一架天文望远镜，并作出许多重要发现，从此天文学跨入了望远镜时代。在此后人们对望远镜的性能不断加以改进，以期观测到更暗的天体和取得更高的分辨率。1932年美国人央斯基用他的旋转天线阵观测到了来自天体的射电波，开创了射电天文学。1937年诞生第一台抛物反射面射电望远镜。之后，随着射电望远镜在口径和接收波长、灵敏度等性能上的不断扩展、提高，射电天文观测技术为天文学的发展作出了重要的贡献。20世纪后50年中，随着探测器和空间技术的发展以及研究工作的深入，天文观测进一步从可见光、射电波段扩展到包括红外线、紫外线、X射线和γ射线在内的电磁波各个波段，形成了多波段天文学，并为探索各类天体和天文现象的物理本质提供了强有力的观测手段，天文学发展到了一个全新的阶段。

而在望远镜后端的接收设备方面，19世纪中叶，照相、分光和光度技术广泛应用于天文观测，对于探索天体的运动、结构、化学组成和物理状态起了极大的推动作用，可以说天体物理学正是在这些技术得以应用后才逐步发展成为天文学的主流学科。

天文和气象不同，它的研究对象是地球大气层外各类天体的性质和天体

上发生的各种现象——天象,而气象研究的对象是地球大气层内发生的各种现象——气象。香港天文台也经常发播台风警报,这是个例外。

天文学所研究的对象涉及宇宙空间的各种物体,大到月球、太阳、行星、恒星、银河系、河外星系以至整个宇宙,小到小行星、流星体以至分布在广袤宇宙空间中的大大小小尘埃粒子。天文学家把所有这些物体统称为天体。地球也是一个天体,不过天文学只研究地球的总体性质而一般不讨论它的细节。另外,人造卫星、宇宙飞船、空间站等人造飞行器的运动性质也属于天文学的研究范围,可以称之为人造天体。

宇宙中的天体由近及远可分为几个层次:(1)太阳系天体:包括太阳、行星(包括地球)、行星的卫星(包括月球)、小行星、彗星、流星体及行星际介质等。(2)银河系中的各类恒星和恒星集团:包括变星、双星、聚星、星团、星云和星际介质。太阳是银河系中的一颗普通恒星。(3)河外星系,简称星系,指位于我们银河系之外、与银河系相似的庞大的恒星系

45

统，以及由星系组成的更大的天体集团，如双星系、多重星系、星系团、超星系团等。此外还有分布在星系与星系之间的星系际介质。

天文学还从总体上探索目前我们所观测到的整个宇宙的起源、结构、演化和未来的结局，这是天文学的一门分支学科——宇宙学的研究内容。天文学按照研究的内容还可分为天体测量学、天体力学和天体物理学三门分支学科。

天文学始终是哲学的先导，它总是站在争论的最前列。作为一门基础研究学科，天文学在不少方面是同人类社会密切相关的。时间、昼夜交替、四季变化的严格规律都须由天文学的方法来确定。人类已进入空间时代，天文学为各类空间探测的成功进行发挥着不可替代的作用。天文学也为人类和地球的防灾、减灾作着自己的贡献。天文学家还将密切关注灾难性天文事件——如彗星、小行星与地球可能发生的相撞，及时作出预防，并作出相应的对策。

天文观测 〉

观测天体的重要手段是天文望远镜。可以毫不夸张地说，没有望远镜的诞生和发展，就没有现代天文学。随着望远镜在各方面性能的不断改进和提高，天文学也正经历着巨大的飞跃，迅速推进着人类对宇宙的认识。

1608年，荷兰眼镜商李波尔赛偶然发现用两块镜片可以看清远处的景物，受此启发，制造了人类历史上第一架望远镜。1609年，天文学家伽利略制作了一架口径4.2厘米、长约1.2米的折射式望远镜。这架望远镜将天文学带入了望远镜时代。

随后在1611年，德国天文学家开普勒又将天文望远镜作了改进，提高了放大倍数。直到今天人们使用的折射式望远

约翰尼斯·开普勒

镜还是这两种。天文望远镜采用的是开普勒式。折射望远镜的优点是焦距长，底片比例尺大，对镜筒弯曲不敏感，比较适合于做天体测量方面的工作。但是它也有一定的缺陷，巨大的光学玻璃浇制也十分困难，到1897年折射望远镜的发展达到顶点，技术上的限制使得此后的一百多年中再也没有更大的折射望远镜出现。

1668年诞生了第一架反射式望远镜。经过多次磨制非球面的透镜失败后，牛顿另辟思路发明了反射望远镜。用

49

反射镜代替折射镜是一个巨大的成功。它有许多优点，而且相对于折射望远镜比较容易制作，虽然它也存在固有的不足。

折反射式望远镜最早出现于1814年。到了1931年，德国光学家施密特将一块近于平行板的非球面薄透镜与球面反射镜相配合，制成了一架折反射望远镜。这种望远镜光力强、视场大、象差小，适合于拍摄大面积的天区照片，尤其是对暗弱星云的拍照效果非常突出。这类望远镜已经成了天文观测的重要工具。它

兼顾折射和反射两种望远镜的优点，非常适合业余的天文观测和摄影。300多年来，光学望远镜一直是天文观测最重要的工具。

1932年，卡尔·央斯基用无线电天线探测到来自银河系中心（人马座方向）的射电辐射，标志着人类打开了在传统光学波段之外进行观测的第一个窗口。二次世界大战后，射电天文学脱颖而出。射电望远镜为射电天文学的发展起了关键的作用。20世纪60年代天文学的四大发现：类星体、脉冲星、星际分子和宇宙微

波背景辐射，都是用射电望远镜观测得到的。

除了射电观测，非可见光天文观测还包括红外观测、紫外观测、X射线观测和γ射线观测等。由于这几种天文观测受地球大气的影响更大，人们往往将望远镜安装在飞机上，或用热气球载上高空。此后又用火箭、航天飞机和卫星等空间技术将望远镜送到地球大气层外。

空间观测设备与地面观测设备相比，有极大的优势。光学空间望远镜可以比在地面接收到宽得多的波段。由于没有大气抖动，分辨率也得到了极大的提高。空间没有重力，仪器也不会因自重而变形。

以天文学家哈勃的名字命名的哈勃空间望远镜（HST）是由美国宇航局主持建造的4座巨型空间天文台中的第一座，也是所有天文观测项目中规模最大、投资最多、最受公众注目的一项。它筹建于1978年，设计历时7年，1989年完成，并于1990年4月25日由航天飞机运载升空，耗资30亿美元。但是由于人为原因造成的主镜光学系统的球差，不得不在1993年12月2日进行了规模浩大的修复工作。成功的修复使哈勃望远镜的性能达到甚至超过了原先设计的目标。观测结果表明它的分辨率比地面的大型望远镜高出几十倍。它对国际天文学界的发展有非常重要的影响。

人类千载探月路

飞翔的鸟儿，激发了人类飞天最初的萌动。飞到月亮上去，这是人类千百年来的幻想。而高悬的日月星辰，看似无比遥远，却阻挡不住祖先们幻想的豪情。夸父逐日、嫦娥奔月，以及古希腊的"伊卡洛斯飞日"，都代表着人类的古老梦想。月亮，作为黑夜中光明的源泉，那圆缺的变幻，朦胧的倩影，尤其得到人们的偏爱。而当人们知道月亮是地球唯一的卫星后，亲近这颗美丽星球的愿望就更强烈了。在探月路上尽管充满挑战和风险，尽管曾经遭遇失败，但人类探测月球的脚步不仅没有停止，而且步伐还将越来越快。

美国火箭专家基姆在1945年出版的《火箭和喷气发动机》一书中提到，"约14世纪晚期，有一名中国的官吏叫万户，他在一把座椅的背后，装上47枚当时可能买到的最大火箭。他把自己捆绑在椅子上面，两只手各拿一个大风筝。然后叫他的仆人同时点燃47枚火箭，想借火箭向前推进的力量，加上风筝上升的力量飞向前方。"不幸的是，火箭发生爆炸，万户为此献出了生命。这是个既美妙又不幸的故事，但比较可惜的是在中国古籍里找不到可靠的来源。不管如何，月球背面发现的一座环形山被国际天文联合会以万户的名字命名还是令我们骄傲的。

人类对月球的科学探测和研究始于20世纪50年代。1957年前苏联发射第一颗人造卫星并于1961年把加加林送上近地轨道之后，人类便开始闯入太空并着手探测月球。

53

登月史上大事记 ＞

1959年1月2日，前苏联发射了月球1号探测器。月球1号从距离月球表面5000多千米处飞过，并在飞行过程中测量了月球磁场、宇宙射线等数据，这是人类首颗抵达月球附近的探测器。

1959年9月26日，前苏联成功发射了月球2号探测器，它是首个落在月球上的人造物体。在撞击月球前，月球2号向地球发送了月球磁场和辐射带的重要信息。

1959年10月4日，前苏联发射了月球3号探测器，它从月球背面的上空飞过，拍摄并向地球发回了约70%月背面的图片。这是首次获得月球背面图片，使人类第一次看到月球背面的景象。

1961年5月25日，美国总统肯尼迪在国会作特别演讲时宣布，在20世纪60年代结束之前，将把人送上月球并安全返回地面，阿波罗计划正式启动。

1964年7月，美国发射了徘徊者7号硬着陆月球探测器。该探测器在撞到月球之前，成功地拍摄了4308张月面照片，照片显示了小到直径只有1米左右的撞击坑和直径25厘米大小的岩石，这是人类获得的第一批月面特写镜头。

1965年3月至1966年11月，美国共发射了10艘两人驾驶的双子星座号飞船。双子星座号计划是阿波罗计划的辅助计划，用来验证载人飞船变轨道飞行、交会与对接、舱外活动等技术。

1966年1月31日，前苏联发射了月球9号软着陆月球探测器。3天半之后，月球9号成功地降落在月球表面，成为首个在月球上实现软着陆的探测器，并且在随后的4天中发回了包括着陆区全景图在内的高分辨率照片。

1966年3月31日，前苏联发射了月球10号探测器，几天后，探测器进入环绕月球飞行的椭圆轨道，成为首个环月飞行的月球探测器。

1966年6月2日，美国发射了勘察者1号探测器，该探测器是美国首次实现月球软着陆的探测器，它共发回11 237张高分辨率的照片。此后，美国又发射了6颗勘察者号探测器，其中4个取得成功。这些探测器对阿波罗飞船的备选着陆区进行了考察。

　　1966年8月10日，美国首颗环月探测器月球轨道器1号发射成功，进入近月点200千米、远月点1850千米的轨道。

　　1966年8月至1967年8月，美国共发射5颗月球轨道器，对月表进行了大面积探测，确认了10个阿波罗飞船着陆点，并通过测量轨道数据，得到月球重力场详图。

　　1967年1月27日，装在土星—1B运载火箭上的阿波罗1号指令舱在发射台上起火，3名航天员在这场火灾中遇难。

　　1968年9月15日，前苏联的探测器5号发射升空，经过7天飞行后，它的返回舱溅落在印度洋上，成为首个到达月球附近又返回地球的航天器。但因探测器5号控制系统故障，返回舱未按预定方式再入大气层并在预定地点着陆。此后发射的探测器7号顺利完成了各项任务，并以预定的跳跃方式成功返回地球。

　　1968年10月11日，美国阿波罗计划首次进行载人飞行试验，2名航天员乘坐阿波罗7号飞船由土星—1B火箭送入环绕地球飞行的轨道，这次飞行对飞船的指令舱与服务舱进行了验证。

　　1968年12月21日至27日，载有3名

56

航天员的阿波罗8号飞船成功飞临月球上空，这是世界上第一艘飞到月球附近的载人飞船，也是人类第一次亲临月球附近，飞船绕月飞行10圈后返回地球，在太平洋安全溅落。

1969年7月16日至24日，人类完成了首次登月任务。3名美国航天员阿姆斯特朗、奥尔德林和柯林斯乘坐的阿波罗11号飞船于7月16日升空，并于7月20日飞临月球，格林尼治时间7月20日20时17分，阿姆斯特朗、奥尔德林驾驶的登月舱在月面静海区着陆，然后他们先后走出登月舱，人类的足迹第一次印在了月球上。阿波罗11号飞船登月舱在月面停留了21小时36分，2名航天员采集了21.7千克月球样品，安装了科学仪器，在舱外活动2小时31分，然后他们驾驶登月舱离开月球，与柯林斯驾驶的绕月飞行的指令服务舱会合，并一同返回地球，最终于24日安全溅落在太平洋。此后，又有5艘阿波罗飞船成功完成登月任务，总共有12名航天员分6批成功登上月球。

YUE QIU MAN BU

1969年7月，前苏联为载人登月计划研制的N－1重型运载火箭从拜科努尔发射场起飞66秒后炸毁，到1972年，N－1火箭4次试验发射均告失败，使前苏联终止了载人登月计划。

1970年4月11日发射的阿波罗13号飞船，在起飞55小时55分时，服务舱2号氧贮箱爆炸，导致无法正常供电、供水、处理二氧化碳、保持舱内温度等一系列严重后果，航天员面临无法返回地球的危险。但是，在地面控制中心的正确决策和指挥下，3名航天员逐一解决了面临的难题，最终利用登月舱发动机成功返回地球，创造了人类航天史上的伟大奇迹。

1970年9月12日至24日，前苏联的月球16号探测器成功完成了月面自动采样，并携带101克月球样品安全返回地球，使人类首次实现了月面自动采样并返回地球的探测活动。1970年9月至1976年8月，前苏联共发射了5个自动采样探测器，其中，月球16号、20号和24号取回了月球样品。

1970年11月10日，前苏联发射了携带月球车1号的月球17号探测器，7天后，月球17号成功降落在月球的雨海区域。随后，世界首个月面巡视探测器——月球车1号开始进行月面巡视考察。它在月球上工作了301天，行走10.54千米，考察了80 000平方米的月面，在500多个地点研究了月壤的物理和力学特性，在25个地点分析了月壤的化学成分，发回2万多个测量数据。1973年1月8日，前苏联又成功将月球车2号送上月面，并进行了更大范围的月面巡视考察。

1990年1月24日，日本发射了飞天号探测器，该探测器的主要任务是验证借助月球引力的飞行技术和进入绕月轨道的精确控制技术，飞行中飞天号还释放了绕月飞行的微型羽衣号探测器。

1994年1月21日，美国发射了克莱门汀号探测器。该探测器在对月球南极进行探测时，首次发现月球南极可能存在水的直接证据。

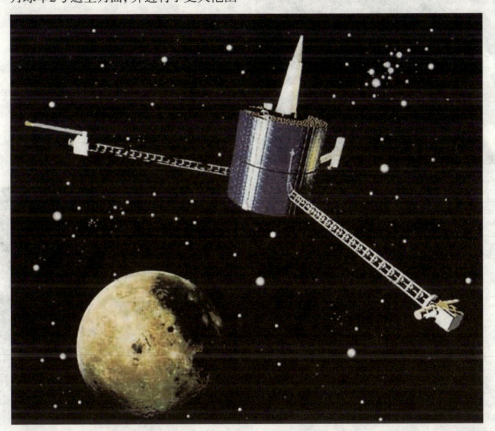

1998年1月7日，美国发射了月球勘探者环月探测器，它的主要任务是寻找月球上的水。它携带的中子谱仪的探测数据表明，月球南北两极可能存在凝结的水冰。月球勘探者号完成绕月探测使命后，高速撞向月球上可能存在水冰的区域，以便通过巨大撞击能量产生水汽云，以进一步证明水的存在，但最终地面和太空中的望远镜都没有观测到期待的水汽云。

2000年11月，中国发表了《中国的航天》白皮书，正式提出将"开展以月球探测为主的深空探测的预先研究"。2002年8月13日，在山东青岛召开的2002年深空探测技术与应用国际研讨会上，中国正式对外宣布将开展月球探测工程。

2001年11月，欧洲航天局各国部长批准了旨在对太阳系进行无人和载人探索的曙光计划。该计划分为5个阶段完成，并计划于2024年实现载人登月。

2003年1月，印度宣布将于2007年发射自行研制的月球初航环月探测器，该探测器将运行在100千米的月球极轨道上。

2003年9月27日，欧洲成功发射了它的第一颗月球探测器——智慧1号，标志着欧洲探月活动正式开始。智慧1号2005年3月进入预定的环月轨道，2006年9月3日撞击月球优湖地区，在此期间取得了丰富的科学成果。该探测器采用了太阳能电火箭等多项新技术。

2004年1月14日，美国总统布什在美国国家航空航天局总部发表讲话，宣布美国将在2020年前重新把航天员送上月球，并将以月球作为中转站，向更远的太空进发。这次讲演的主要内容，被人们称为"美国太空探索新构想"。

2004年1月23日，中国探月一期工程——绕月探测工程正式立项，自此，中国探月工程正式启动。

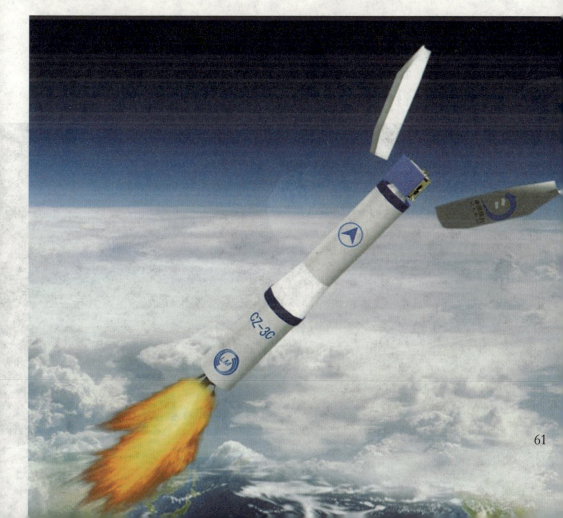

2006年2月9日，中国政府发布的《国家中长期科学技术发展规划纲要（2006—2020）》将探月工程列为国家中长期科技发展的重大专项。

2007年9月14日，日本月亮女神探测器发射升空，开始为期一年的月球探测活动。

2007年10月，我国嫦娥一号发射，圆满完成预定探测任务，于2009年3月受控撞月。

2008年10月，印度的"月船1号"绕月卫星发射成功，对月球进行了全球成像，并进行了矿物和化学测绘。2009年8月，"月船1号"在轨工作312天后，与地面失去联系。

2009年6月，美国发射"月球勘测轨道飞行器"（LRO）和"月球坑观测与遥感卫星"（LCROSS），10月9日LCROSS成功撞击月球，发现了水。LRO目前仍在轨工作。

月球探测是一项非常复杂并具有高风险的工程。据统计，1958年至2010年，世界上共进行了126次月球探测活动。这126次探月活动中，美国57次，前苏联64次，日本2次，欧空局、中国和印度各1次。以上成功或基本成功63次、失败63次，成功率50%。

中秋节是我国的传统佳节。根据史籍的记载，"中秋"一词最早出现在《周礼》一书中。到魏晋时，有"谕尚书镇牛淆，中秋夕与左右微服泛江"的记载。直到唐朝初年，中秋节才成为固定的节日。《唐书·太宗记》记载有"八月十五中秋节"。中秋节的盛行始于宋朝，至明清时，已与元旦齐名，成为我国的主要节日之一。这也是我国仅次于春节的第二大传统节日。

根据我国的历法，农历八月在秋季中间，为秋季的第二个月，称为"仲秋"，而八月十五又在"仲秋"之中，所以称"中秋"。中秋节有许多别称：因节期在八月十五，所以称"八月节"、"八月半"；因中秋节的主要活动都是围绕"月"进行的，所以又俗称"月节"、"月夕"；中秋节月亮圆满，象征团圆，因而又叫"团圆节"。在唐朝，中秋节还被称为"端正月"。关于"团圆节"的记载最早见于明代。《西湖游览志余》中说："八月十五谓中秋，民间以月饼相送，取团圆之意"。《帝京景物略》中也说："八月十五祭月，其饼必圆，分瓜必牙错，瓣刻如莲花。……其有妇归宁者，是日必返夫家，曰团圆节"。中秋晚上，我国大部分地区还有烙"团圆"的习俗，即烙一种象征团圆、类似月饼的小饼子，饼内包糖、芝麻、桂花和蔬菜等，外压月亮、桂树、兔子等图案。祭月之后，由家中长者将饼按人数分切成块，每人一块，如有人不在家即为其留下一份，表示合家团圆。

中秋节时，云稀雾少，月光皎洁明亮，民间除了要举行赏月、祭月、吃月饼祝福团圆等一系列活动，有些地方还有舞草龙、砌宝塔等活动。除月饼外，各种时令鲜果干果也是中秋夜的美食。中秋节起源的另一个说法是：农历八月十五这一天恰好是稻子成熟的时刻，各家都拜土地神。中秋可能就是秋报（秋报指古人秋日祭祀社稷、以报神佑的活动）的遗俗。

人类第一次登上月球 〉

　　1969年7月16日，美国首次进行登月飞行的飞船是阿波罗11号，参加登月飞行的指令长是阿姆斯特朗，飞船驾驶员是柯林斯，登月舱驾驶员是奥尔德林。

　　1969年7月20日美国时间22时56分，3名美国宇航员叩开了冷寂的月宫大门。两名宇航员走下太空舱，双脚踏上了月球的土地，这是人类有史以来第一次对月球做的最伟大的探险。

　　登月旅行只有短短8天时间，但最令人难以忘怀的是尼尔·阿姆斯特朗和埃德温·奥尔德林走下密封舱足踏月球表面的那一激动人心的时刻。他们的同伴迈克尔·柯林斯则乘坐卫星在月球轨道上继续运行，准备接回两名登月者返回地球。阿姆斯特朗第一个走下密封舱，奥尔德林紧随其后。两名宇航员在月球表面停留了21小时36分21秒，采集了24千克月球

阿姆斯特朗（左）、科柯斯（中）、奥尔德林（右）

岩石样品。

当阿姆斯特朗代表所有的"地球人"向月球迈出第一步时说道："这一步对于一个人来说是小小的一步，但对整个人类来说却是巨大的一步。"全世界的人通过电视转播目睹了阿姆斯特朗走下"天鹰座"宇航密封舱的9级阶梯，并在月球上留下人类的第一个脚印的壮观场面。阿波罗11号飞船实现了人类几千年的梦想，完成了空前的登月壮举。这是一次巨大的飞跃。阿姆斯特朗和奥尔德林在月球上停留2小时31分钟，他们竖起了一面美国国旗、放置一台激光反射器、一台月震仪和一个捕获太阳风粒子的铝箔帆。

他们还摄制了月球表面、天空和地球的照片，收集了24千克的土壤和岩石标本。

阿波罗11号飞船最大的成果就是第一次实现了载人登月，具有伟大的历史意义。它还对月球、地月空间进行了拍摄，考察了静海附近的月球环境，安放了多种科学试验仪器，并带回了岩石标本。在岩石分析和微生物分析方面取得了一些成果，包括月球的年龄、月球结构等。同时发现，月球上没有任何微生物，历史上也不曾有过微生物。

从古代的嫦娥奔月到现代的阿波罗11号登月，对整个人类来说是巨大的进

65

步,这种巨大的飞船往来于地区与宇宙之间,完成人类浩大的探索工程,标志着人类征服自然的一次伟大胜利,是科学技术高度发展的一次集中展示。美国"阿波罗"计划的实现是人类的伟大壮举,是美国科学家、美国人民对世界作出的一大贡献。

当阿姆斯特朗登上月球的那一刻,大众对于征服太空的热情空前高涨。但

是,随着冷战的结束和研究的转向,1972年"阿波罗计划"结束之后,人类再也没有登上过月球。回首40多年来,人类对太空的探索一直不懈,探索幅度也早已超越月球。但是,"登月"并未远离,它俨然成为一个符号,深深嵌入了全球的社会生活中,而其真正意义更在于——登月开启了人类与机器融合的新起点。

月球车的前世今生 ＞

在2009年1月20日，奥巴马总统的就职典礼上，一位机器人宇航员"引导"着一辆月球车款款走过，吸引了人们的目光。月球车在这里出现，不是偶然的。那个举目可见而又遥远的世界，40年前美国首先实现了载人登月，如今又再度成为国际竞争的焦点，而能够让宇航员轻松工作的月球车，体现了各国的科技实力。和其他技术一样，月球车也在不断进化。

月球车是一种能够在月球表面行驶并完成月球探测、考察、收集和分析样品等复杂任务的专用车辆。在实验室里，

这个重要角色的学名是"月球探测远程控制机器人"，公众已经习惯叫它"月球车"。世界上第一颗人造卫星发射成功后，人们便开始了飞向地外天体的准备。然而，在对月球表面探测过程中，采取什么样的运输工具才有可能在月面上进行实地考察呢？于是，产生了月球车。为了使月球车在月面上能够顺利行驶，美国、前苏联曾发射了一系列的卫星探测，并对月面环境进行了反复的科学实验，为在探测器上成功携带月球车打下了可靠的基础。科学家对经由月球车月面的实地考察所带回的宝贵资料进行了分析研究，

67

大大深化了人类对月球的认识。

月球车可分为无人驾驶月球车和有人驾驶月球车。无人驾驶月球车由轮式底盘和仪器舱组成，用太阳能电池和蓄电池联合供电。世界上第一台无人驾驶的月球车于1970年11月17日由前苏联发射的月球17号探测器送上月球，"月球车1号"一共运行了11个月（只能在月亮上的白天进行工作），一直到1978年10月4日才宣告终止，这一天是苏联发射第一颗人造卫星的日子。它一共行进了10千米，传回2万多幅电视图片和超过200幅全景照片。车上装载的X射线望远镜观测了太阳的X射线波段，而激光器则用来进行地球距离的测定试验。

有人驾驶月球车主要由月球车的每个轮子的各一台发动机驱动，靠蓄电池提供动力。主要作用于扩大宇航员的活动范围和减少体力消耗，它可随时存放宇航员采集的岩石和土壤标本。

1971年7月31日，"阿波罗15"号宇航员戴维斯·斯科特和詹姆斯·欧文进行了人类首次月球车行驶，他们驾驶着4轮月球车，在崎岖不平的月球表面上，越过陨

石坑和砾石行驶了数千米。斯科特和欧文成为在月球上漫步的第7位和第8位宇航员，而且是第一个在月球上驾车行驶的。

他们于1971年7月30日在月球的"雨海"登陆，并于美国东部时间31日上午9时25分离开"隼"号登月舱。几分钟之后，他们从宇宙飞船上卸下月行车，开始了他们的勘探旅行。车的前舵轮操作不灵，但是按设计只有后轮驱动，后驱动轮运转良好。当宇航员们在埃尔鲍阴石坑的边沿停下时，位于休斯敦的任务控制台打开了车载的电视摄影机，向地球传送非常清晰的彩色图像。电视观众可以看到宇航员挑选和采集月石标本。有一次，他们兴奋地喊道，"这里有些漂亮的供地质研究用的岩石。"他们驾车行驶了两小时，走了8千米，之后又回到登月舱。按计划，斯科特和欧文将在后两天驾驶月行车做更多的旅行。他们将同在指挥船中的另一名"阿波罗15"号宇航员阿尔弗雷德·沃顿会合，一起返回。

随着人类重返月球并开始建设永久性的基地，开始向月球移民，新一代的月球车也将出现。由于月球上没有空气，普通的车辆无法在月球上使用，只能以电动车为主，或者使用火箭等工具。随着月球基地的建设，"月球社会"的壮大，将会

产生各种专门用途的月球车，与今天我们的交通工具相对比，可以想象未来的月球交通工具的样子。

最轻便的月球车应该是"月球摩托"，只供一个人乘坐。为了在月面上安全行驶，它应该有3个轮子，由于它是暴露式的，驾驶人员必须身穿宇航服。这种轻便的车辆主要用于月面近距离往返或太阳能电站检修之用。

月球上的火箭单座车，没有轮胎，靠火箭喷射，在月面上作跳跃式前进。由于月面重力很小，这种单座车适用于两地间的快速移动，或者往返于月球和地球

的轨道空间站之间。

双座多用途高性能小型月球车，它能连续行驶近百千米，适合中短途旅行，有4个网眼式轮胎，以燃料电池为电源，采用更换钢瓶的方式来补充燃料。

客货两用月球车能乘坐6人，并载物500千克，能连续行驶180千米，它也采用密封式，有2条履带。它除了用于探测外，还可以在各设施之间运送那些没有穿宇航服的人员和小动物。

月球拖挂车则由集装箱台车和牵引车两部分构成，用于运送物资。它以太阳能电池为动力，也可以同时使用燃料

电池，这样便可以日夜兼程地在月面工作。

月球轨道巴士又称"滑轮着陆舱"，它一旦离开月球轨道，就以低角度进入月面，在全长100千米的跑道上以时速500千米像雪橇一样滑行着陆，约2分钟后便可停止了。

月面轨道巴士，由于月面岩石坚硬，可能不适合建地铁，那么用坚固安全的材料建造的地面轨道交通将成为大众出行的主要方式。月面轨道巴士比地铁更为便捷迅速，不过因为要保证安全，造价也会非常高昂。

还有一种中型月球探险车，装有高性能的聚光灯、高灵敏度的通信测位天线、监视摄像机和探测雷达，在月球上漆黑的夜间也可行驶。这种车为轮胎式，还能作为临时月球站来使用。

以上种种月球车，都还在开发研制当中。但是人类一旦踏上月球，在上面建立基地、开采资源，以至在月球上开发旅游业，建设月球城，这些未来的月球车一定会在人们面前出现，还可能有更新颖奇特的月球车出现。到那时，人类就可以乘上月球车，实现漫游月球的梦想。

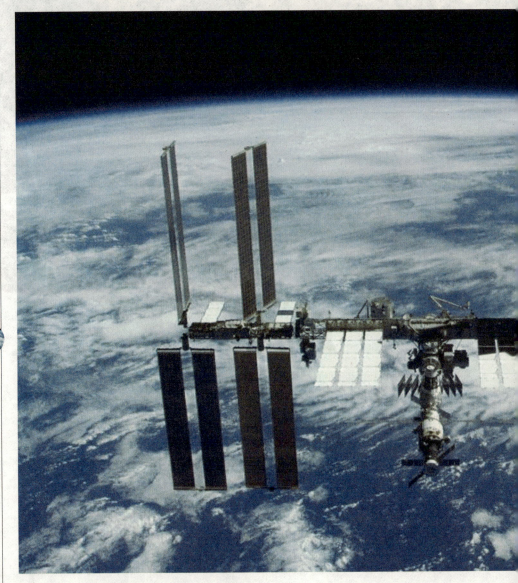

新一轮月球探测发展趋势和前景 〉

· 美国宇航局："重返月球"

金融危机似乎并未影响美国宇航局（NASA）的研究计划，NASA 所属的几个研究中心和实验室的研究计划仍在进行。

"登陆到月球上时，着陆点的选择非常关键。"NASA 兰利研究中心的科研人员日前正在紧锣密鼓地开发新型太空登陆传感

研究人员夜以继日的重点"关照"对象。这个雷达系统内包含了多种镜头，乍看就像科幻小说中的秘密武器，其实它包含了两种新型传感技术。其中一种新型技术是使用三维互动成像技术来探测登陆区域的地形，在取得精确三维地形图像后，能自动识别特定登陆点是否具有潜在危险。

兰利研究中心的科研人员已经在加利福尼亚罗杰斯干湖上空91米至1890米高度区域的6种不同纬度进行了飞行试验。同时，还进行了飞行器的速度测定，以及飞行器指定地点精确降落的测试。NASA喷气机推进力实验室专门为这两项技术度身定做了一套数据运算法则，作为这两种技术的后期数据处理方式。

在2004年2月，美利坚合众国总统乔治·沃克·布什提出于2020年前派人重新登月。布什政府公布了举世瞩目的"太空探索新构想"，称2020年前美国将"重返月球"，建立半永久性的月球基地，美国航天员计划还将首次登上火星。而这些新技术的开发实验已被纳入到了NASA的"自动登陆与避免危险技术工程"（ALHAT）新计划之中。NASA的火星科学实验室的科技人员认为，ALHAT中的正在开发的雷达系统将比现在凤凰号火星探测器上所使用的整套雷达系统，在速度控制的精确度和数据更新速度上要快10倍，而ALHAT雷达系统的研制成功将为未来登月以及行星登陆带来不可估量的作用。

技术，其主要功能是能精确控制飞行器登陆，并探明登陆地形可能潜伏的危险。据称，目前该项技术研究已经进行到了飞行实验证明阶段。

在兰利研究中心的实验室里，一架正在组装中的万向架上的球形雷达系统成了

美国宇航局2009年11月13日宣布，

73

月球漫步

在月球表面发现了"大量水冰"，从而为人类重返月球甚至是在月球建立太空远航基地带来希望。据悉，这些冰块存在于月球表面"永远见不到阳光的陨石坑内"。美国曾让两个宇航器开展了撞月实验，以寻找水的踪迹。美国的"撞月计划"耗资高达7900万美元以上，其中一个撞击器以每小时9000千米的速度冲向月球南极附近的陨石坑内。在这个宇航器身后，还紧紧跟随着另外一个飞行器，并记录下前者撞月的全过程传回地球。科研人员随后就从照片中发现了水的踪迹。据介绍，"撞月宇航器"在月球上掀起1600多米高的尘埃，其中含有体积约为100升的水（或者冰）。

本次撞月行动共掀起两股尘埃：其中一部分由蒸气和微尘组成；另一部分由质量更重的物质组成。研究人员表示，月球上的水（冰）可能是远古时期遭彗星撞击后留下的"遗迹"。由于此类陨石坑在几十亿年间从未接受过太阳照射，因此各类物质得以保持"原生态"。自从1972年后，人类再没有登上过月球，此前也只有12名美国人在阿波罗计划中涉足月球表面。

美国宇航局表示，将在2020年让人类重新踏上月球，并且在上面建设探索火星的"中继站"。目前，担任重返月球任务的"战神"运载火箭和登月舱都处于早期实验状态。不过，受经济危机影响，美国宇航局的经费严重缩水，不足以完成上述野心勃勃的太空探索计划。

• 俄罗斯: 期待"三大突破"

2008 年 10 月 12 日, 俄罗斯"联盟 TMA-13"载人飞船从哈萨克斯坦的拜科努尔航天基地成功发射升空后进入预定轨道。根据"联盟 TMA-13"的飞行计划, 该载人飞船已在 10 月 14 日中午在太空与国际空间站执行对接任务。在此次飞行过程中, 国际空间站第 18 个长期考察组搭乘"联盟 TMA-13"载人飞船进入了太空。考察组成员包括美国宇航员迈克·芬克, 俄罗斯宇航员尤里·隆恰科夫和世界第六位太空游客、美国电脑游戏商理查德·加里奥特。隆恰科夫和芬克身负科考任务, 他们将在空间站生活半年并完成 50 多项科学实验。而作为太空旅行者的加里奥特, 按计划将在空间站逗留 9 天后, 同空间站第 17 期长期考察组的两名成员一起返回地面。

在探索宇宙方面, 俄罗斯的实力绝对不容忽视。而欧洲航天局的负责人在接受媒体采访时也明确指出, 火箭发射的低成本国家的竞争是从 20 世纪 90 年代初期的俄罗斯开始的。当时前苏联采取了集中力量优先发展军事航天工业的策略, 培养出了一批世界顶尖的科学家、工程师、宇航员。而苏联解体后, 俄罗斯航天业虽然继承了 95% 的衣钵, 但是瞬间失去了国家雄厚的财力作为支持, 整个系统几乎陷入困境。俄罗斯的航天业, 基本停留在"吃老本"的阶段, 甚至靠向太空运送游客赚钱。不过, 随着经济的逐步复苏, 俄罗斯政府开始制定相关的航天发展战略。2007 年 9 月, 俄罗斯航天署宣布俄载人航天在 2040 年前要实现三大突破——2015 年前完成国际空间站俄罗斯舱段的建设; 2025 年前在近地轨道建成有宇航员驻守的空间站, 同时着手研制可多次重复使用的新型载人飞船, 用于载人绕月飞行; 在 2025 年前登月; 2032 年前建立月球长期考察站; 2035 年后登陆火星。

• "月亮女神"卷土重来，日本欲建"太空港湾"

日本东京时间 2007 年 9 月 14 日 10 时 31 分（北京时间 9 时 31 分），日本"月亮女神"绕月探测卫星搭乘 H2A-13 火箭从日本南部种子岛宇宙中心顺利升空。按照当时日本方面的说法，"月亮女神"的升空将为 21 世纪探月计划开启新纪元，将为日本的月球基地等远景计划奠定基础。

在运行近两年后，日本的"月亮女神"坠落于月球南纬 65.5 度、东经 80.4 度的 GILL 环形山附近。这颗代表了日本月球探测工程最高水平、执行美国阿波罗计划以来规模最大月球探测项目的卫星，结束了收集月球观测数据的使命。

"月亮女神"探测卫星此行任务中最主要的任务包括：为判断月球上是否曾经存在岩浆海洋寻找确切证据；分析月球的磁场状态；为月球上是否存在水寻找答案等。为此，卫星搭载了 X 射线、红外线和激光等 14 种先进的传感器与摄像仪。

"月亮女神"传回了超过 10TB 的庞大观测数据。然而，这些观测数据目前已经解析过的还不过三成。日本研究人员欲将这些未解之谜在互联网上公开，并将继续研究"月亮女神"发回的各种数据，以寻找谜团答案。

月球的磁场是有待研究的谜团。地球之所以有这样的磁场，是因为地球的中心是铁等构成的核。然而，美国阿波罗飞船带回的岩石有微弱磁场，难道月球过去也

拥有足以产生磁场的铁核吗?"月亮女神"携带的月球磁力计能观测到比地球磁场强度十万分之一还微弱的磁场,根据观测结果,40亿年前月球是否存在磁场等课题的相关研究有望取得新进展。如果证实月球整个表面都残留有微弱的磁场,那么月球诞生初期拥有熔融的铁核也就不难推论了。

此外,如果月球真有水存在,那么水中氢元素被激发出的伽马射线就会被卫星上的伽马射线分光计捕捉到。"月亮女神"通过研究历史上月球火山活动的痕迹,测定月球的重力场,研究月球的等离子环境及月面以下的演化等,或能为月球上是否存在水找到答案。

按照日本宇航开发机构的近景计划,月亮女神2号预计于2012年发射,月亮女神X号也将于2017年发射。这些探月计划可能包括月球车、月球望远镜研制以及在月球表面建立科学设备网络等内容,日本月球天文台也有望于2010—2020年建立。此外,日本还制订了一个月球研究开发的远景计划,即在月球上建立"太空港湾"。

• 争议中迈向月球，印度欲"赶超中国"

2007年，印度"月船1号"探月项目总指挥米尔施瓦米·安纳杜拉伊曾公开表示："绕月项目比日本和中国落后了一步，登月工程就要抢先中日两步！"而印度于当地时间2008年10月22日上午6时20分左右（北京时间8时50分左右）在东南部的斯利哈里柯塔岛发射站发射首颗探月卫星"月船一号"。

"这次发射的成功，标志着我们的探月之旅顺利迈出第一步。15天后，飞船将进入绕月轨道。"负责此次探月项目的印度空间研究组织主席马达万·奈尔表示。印度空间研究机构计划在近距离绕月探测的同时，将国旗留在月球上。印度方面还表示，此次探月计划旨在"赶超中国"。

约值8000万美元，总重1.38吨的"月船一号"将在今后两年环绕月球，勘察整个月球表面，利用高分辨率遥感装置，分析月球表面的构成，绘制立体电子地图，其间将释放一个约30多千克重的着陆器。如果"月船一号"完成探月任务，象征着印度将成为继俄罗斯、美国、中国、日本之后，第五个掌握探月技术的国家。

然而，在"月船1号"发射成功后，奈尔和他的同事们也受到来自各方的批评，认为该项目"不合时宜"的反对声音

就不绝于耳。反对意见主要有两派，一派认为印度没有必要步其他国家实施探月行动的老路，应该把精力用在当前最前沿的太空探索研究中，其代表人物是印度天休物理研究所教授贾亚特·穆提；另一派则认为该项目耗资巨大，除了争强好胜之外毫无实际意义，政府应该把有限的资金用在"有用"的工程上，如解决贫困人群的饥饿问题。

2014年，印度计划发射重达3吨的载人航天器，航天器可载两名宇航员。2016年，印度将发射"月船2号"，将机器人送上月球，搜集月球土壤和岩石的标木。2020年，印度计划向月球发射载人飞船，从而实现航天员登月。印度的整个载人航天计划预计将耗资25亿~30亿美元，其最终目标就是要赶在中国之前实现印度的"登月梦"，以表明印度的航天技术超越了中国。

YUE QIU MAN BU

• 欧洲航天局：2015年上月球找水

欧洲航天局计划于2015年登陆月球表面，其目标是积累月球飞行经验并为未来的月球居民寻找饮用水水源。欧洲航天局的这一计划尚处于概念设计阶段，其登月项目正式名称为"Moon Next"。预计这一计划将2015年正式实施。

在该计划框架内，欧洲航天局还打算通过月球飞行让欧洲航天局的专家们积累丰富的登月探测器操作经验，并顺便收集月球的有关资料和从事样品采集工作。根据初步计划，"Moon Next"探测器的有效载荷约为100千克，主要是一些机载科研仪器，探测器将借助俄罗斯的"联盟"号火箭发射入轨。

最有趣的是，欧洲航天局的专家们打算让探测器携带一个装有地球微生物的容器前往月球，目标是研究这些微生物是否能够在月球环境中存活下来，另外欧洲天文学家们还将通过这些微生物进一步探索月面环境、太空辐射及太阳活动能够对这些微生物产生多大的影响。

据悉，欧洲航天局的"Moon Next"探测器将登月地点选择在月球南极距沙克尔顿环形山不远的地方，这个环形山直径为19千米，深2千米。未经证实的资料显示，这个环形山是由其他天体剧烈撞击形成的。最令欧洲航天局的科学家们对此环形山感兴趣的是有人提出该环形山底部可能存在着水冰。如果这一说法被证实，那么这里的水冰就可以成为未来月球居民的饮用水源，因为从地球向月球供应水不仅难度极大，而且代价也太大。

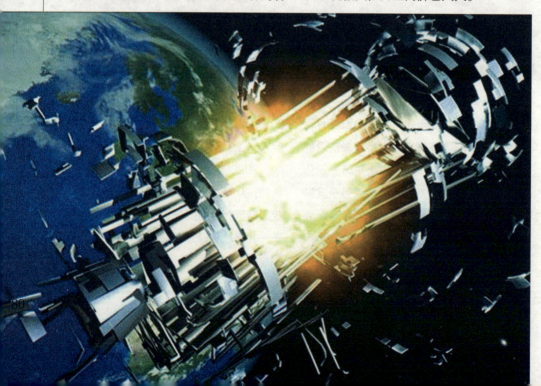

• "嫦娥"飞天寻梦

　　2007年10月24日18时5分，长征三号甲运载火箭托举嫦娥一号卫星顺利升空；18时29分，嫦娥一号进入超地球同步轨道，开始了奔月之旅。经过8次变轨后，于11月7日正式进入工作轨道。经过星上设备调试，11月18日卫星转为对月定向姿态。11月20日开始传回探测数据，经过处理制作完成了第一幅月面图像并同时完成了三维影像的制作。

　　随着中国自主研制的第一个月球探测器——嫦娥一号卫星的一飞冲天，浓墨重彩地写下了中国航天的第三个里程碑。这意味着，在实现人造地球卫星飞行和载人航天之后，中国航天又向深空探测迈出了第一步；也标志着继美国、俄罗斯、日本、欧洲航天局之后，中国成为第五个发射探月卫星的国家。

　　自第一颗中国人造卫星"东方红一号"成功发射多年后，中国以"神舟"命名的飞船于1999年首飞，在经过先后4次无人试验飞行后，于2003年10月开始载人飞行，中国航天员的太空之旅时代由此开启。从最初提出探月，到绕月探测工程首次飞行任务正式实施，中国绕月探测走过

了十多年的历程。

2007年11月26日，国家航天局正式公布嫦娥一号卫星传回的第一幅月面图像，这标志着中国首次月球探测工程取得圆满成功。"嫦娥"攻克了设计飞行路线、进行姿态控制等诸多难题，也成功应对了天气等因素带来的不利影响。业内专家称，中国的首次探月，与美国、前苏联不同，跨越了较简单的掠月探测、硬着陆探测，直接采用绕月探测方式，起点高、难度大。

按照我国整个月球探测活动计划，在绕月工程圆满实施后将开展"落月"工程。目前国家有关部门已经对具体的计划进行讨论，"落月"工程的研发、建设工作实际上已经启动，但具体方案还需要正式立项，"落月"工程已在2013年以前完成。"落月"工程有一辆月球车在月球表面登陆，进行科学勘探。目前，我国有20多家单位研制了或正在研制自己的月球车。而探月工程第三步"回"正在论证，若进展顺利2017年前后能完成。

我们国家为什么要进行月球探测？因为月球探测是一个国家综合国力的体现，对于提高我国在国际上的威望，增强我们的凝聚力都是很有意义的。而且月球探测是我们国家实现载人航天和应用卫星之后又一个新的里程碑，也是一个国家高技术发展的标志。另外月球上的矿产资源、能源和特殊环境是将来人类争夺的一个非常重要的领域。假如我们中国一直是从不问津的话，将来很难以维护我们自己的权益，我们也没有任何发言权。同时它将要推进我们国家的科学研究的一系列新的发展，也有利于推动我国的空间技术、军事和其他高科技的发展。另外，也可进一步推进航天领域的国际合作。

经过 10 年的酝酿，最终确定中国的探月工程分为"绕"、"落"、"回" 3 个阶段。

第一期绕月工程已在 2007 年发射探月卫星"嫦娥一号"，对月球表面环境、地貌、地形、地质构造与物理场进行探测。

第二期工程时间定为 2009 年至 2013 年，目标是研制和发射航天器，以软着陆的方式降落在月球上进行探测。具体方案是用安全降落在月面上的巡视车、自动机器人探测着陆区岩石与矿物成分，测定着陆点的热流和周围环境，进行高分辨率摄影和月岩的现场探测或采样分析，为以后建立月球基地的选址提供月面的化学与物理参数。

第三期工程时间定在 2013 至 2020 年，目标是月面巡视勘察与采样返回。其中前期主要是研制和发射新型软着陆月球巡视车，对着陆区进行巡视勘察。后期即 2015 年以后，研制和发射小型采样返回舱、月表钻岩机、月表采样器、机器人操作臂等，采集关键性样品返回地球，对着陆区进行考察，为下一步载人登月探测、建立月球前哨站的选址提供数据资料。此段工程的结束将使我国航天技术迈上一个新的台阶。

探月发现，月球之水 〉

　　尽管天文爱好者未能看到月尘升腾和冰晶闪亮的奇观，2009年10月9日这一天仍将被载入史册——为证实水在月球的存在，美国航天局的半人马座火箭和月球坑观测与传感卫星先后撞击月球南极的凯布斯月球坑。经过一个多月的数据分析，美国国家航空航天局于11月13日宣布，此次撞击不仅捕捉到水的存在，而且获得的水量是他们预测数量的100倍！

84

YUE QIU MAN BU

• 水迹：从阿波罗到凯布斯

"壮观的荒芜！"1969年首批登月的美国宇航员奥尔德林茫然四顾，如是感慨。这句话随后成为描绘月球景象的经典。其实宇航员们从月球带回的岩石标本中早就有水的"痕迹"，但科学家们一直认为，这可能是样本被地球环境"污染"所致，不足为据。

美国"阿波罗登月计划"结束之后，一些科学家得出结论——月球已"死"。但是，阿波罗登月计划的目标是月球的赤道地区，从未探索过月球的两极。分布在月球极地的一些陨石坑从未见过阳光，温度低至零下220℃。

虽然科学界的很多研究暗示，月球两极可能存在冰，但始终无法证实。2009年早些时候，美国和印度的环月探测器均发现月球上有水的化学痕迹，重新燃起人们在月球上找到水的希望。6月18日，美国航天局月球坑观测和传感卫星升空，开始寻水之旅。同年9月，科学家宣布通过遥感装置发现月球上有极少量的水，它们以分子形式附着在微粒上，而且这种水可能存在于全月面地表，就像铺在地面上的一层薄膜。

此次美国航天局的目标是月球南极的凯布斯月球坑。他们先使用重2.2吨的半人马座火箭以9000千米时速撞向凯布斯，然后由一个状如吉普车大小的观测卫星紧随其后，捕捉撞击画面，对撞击扬起的尘埃成分进行实时测量，并在自身撞击月球坑之前向地球发回相关数据。

YUE QIU MAN BU

凯布斯月球坑直径约 100 千米，中心最凹处深 3.2 千米。受撞击后，形成直径 20~30 米的大坑。科学家们事前预计，撞击可产生高达 9.7 千米的尘埃，并伴随约 30 秒的日光色亮闪，使用普通的天文望远镜便可观测，但实际的尘埃高度远远低于预期，只有 1.6 千米，令许多彻夜未眠的天文爱好者备感失望。

但令人欣喜的是，科学家们经过一个月的数据分析后宣布：月球上确实有水。

分析过程基于光谱分析，以分光仪来测量月尘物质吸收和发射光线的波长，再对比水的近红外光谱特性，结果相当吻合。经核算，半人马座火箭在凯布斯月球坑的撞击，扬起至少约 95 升水。当然，这些水不是液态，而是冰和水蒸气。

科学家们解释说，水的大量存在，正是尘埃扬起高度不如预期的最有力解释。至于亮闪现象不如预期，则可能是由于一些水汽"吸收"光线所致。

• 水，源自何处

对凯布斯月球坑的撞击大功告成，但人类对月球之水的探索才刚刚起步，还有许多谜团待解。

月球上的水从何而来？是一次突然事件的遗迹，还是已经存在数十亿年？目前美国科学界有 3 种理论和一种猜测。

理论一：月球从一开始就有水。像地球一样，月球在形成之初就有水这一成分。水集中在月球内部。在很久以前，月亮曾有一个灼热的内核，以火山爆发或喷气等形式，把水推向月表，并就地结冰。

理论二：月球上的水是"家酿"。酿制过程得到了太阳的大力帮助。太阳持续释放微粒，即太阳风。太阳风中的正电氢离子或质子击中月球，与月球土壤中的富氧矿物质互动，形成了水。这一过程虽然极其缓慢，但经过数十亿年的积累，月球上有可能形成大量的水。

理论三：彗星和小行星的撞击。很久以前，富含水的一些彗星和小行星可能曾撞击了月球。撞击中，大部分水洒向太空，但有一部分受月球重力影响留了下来。它们在月表附近形成了水蒸气云。一些水最终转移到了月球的极地，受那里的持续低温影响冷凝。由于极地"冷槽"太冷，这些冰无法升华。因此，月球上不可能存在液态水。

一个猜测：水来自地球。数十亿年前，地球与月球的距离比现在近很多。一种情况是，地球的磁场还未形成或很弱，太阳风可能把地球大气层中的水蒸气"吹"走，并在月球安家。另一种情况是，在受到小行星或彗星撞击后，地球上的海水洒向太空，形成蒸气云，而月球在绕地运转的过程中穿过了蒸气云，沾上了一些湿润气息。但这两种情况目前还只是科学家们的猜测。

• 拯救"重返月球"计划

美国的科学家们说，分布在极地的月球坑就好像太阳系里"尘封的阁楼"，藏着许多值得探寻的秘密。此次成功撞月找水，有可能把人类的探月行动推进到一个新的层次。

找水一直是人类探月最重要的目的之一。充足的月球水不仅可为登月宇航员建立长期营地提供基本生存可能，而且还可为火箭等航天器提供燃料燃烧所需氧气，甚至可直接转化为氢类燃料。美国航天局从此次对凯布斯月球坑撞击中得到的不只是水。地面研究人员通过数据分析证实，撞击后还检测出二氧化碳、二氧化硫、甲烷和一些碳化物。科学家们正饶有兴致地对这些物质进行分析，它们有可能为人类探索太阳系的起源提供线索。

月球水的发现，对美国航天局来说还有一个更重要的现实意义。小布什政府时期，美国航天局制订了"重返月球"计划，描绘了21世纪美国探索月球的整体框架和目标，其核心目标是在月球上建立永久基地，并以此为跳板，为登陆火星乃至探索更遥远的太空作准备。但奥巴马上台后，

这一计划受到了"干扰"。据报道，奥巴马政府倾向于跨过月球，直接探索火星及更远的太空。就连曾经登月的宇航员奥尔德林也认为，美国应当继续将焦点对准火星。

现在，"重返月球"计划的理由似乎更为充分。美国航天局的科学家们表示，水的发现，说明月球不是一个一成不变的死寂世界，它可能充满活力和趣味。"我们正在揭开邻居的神秘面纱，从而了解整个太阳系"。

根据美国航天局的"重返月球"计划，宇航员们可能在2020年首次重返月球。最初的几次登月都计划由4名宇航员完成，他们在月球表面的停留时间约为7天。随后，美国将逐步建设月球基地，其中包括电力供应系统、月球车装配及宇航员居住区。最终的月球永久基地将可以保障宇航员在月球上持续居住180天，可为载人探索火星作准备。

● 月球是人类未来的资源宝库

　　45亿年前，月球表面仍然是液体岩浆海洋。科学家认为组成月球的矿物克里普矿物(KREEP)展现了岩浆海洋留下的化学线索。KREEP实际上是科学家称为"不兼容元素"的合成物——那些无法进入晶体结构的物质被留下，并浮到岩浆的表面。对研究人员来说，KREEP是个方便的线索，说明了月壳的火山运动历史，并可推测彗星或其他天体撞击的频率和时间。

　　月壳由多种主要元素组成，包括：铀、钍、钾、氧、硅、镁、铁、钛、钙、铝及氢。当受到宇宙射线轰击时，每种元素会发射特定的伽玛射线。有些元素，例如：

铀、钍和钾,本身已具放射性,因此能自行发射伽玛射线。但无论成因为何,每种元素发出的伽玛射线均不相同,每种均有独特的谱线特征,而且可用光谱仪测量。直至现在,人类仍未对月球元素的丰度作出全面性的测量。现时太空船的测量只限于月面一部分。

月球有丰富的矿藏,月球上稀有金属的储藏量比地球还多。月球上的岩石主要有3种类型,第一种是富含铁、钛的月海玄武岩;第二种是斜长岩,富含钾、稀土和磷等,主要分布在月球高地;第三种主要是由0.1~1毫米的岩屑颗粒组成的角砾岩。月球岩石中含有地球中全部元素和60种左右的矿物,其中6种矿物是地球没有的。

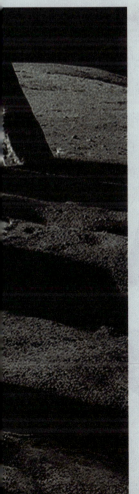

月球的矿产资源极为丰富,地球上最常见的17种元素,在月球上比比皆是。以铁为例,仅月面表层5厘米厚的沙土就含有上亿吨铁,而整个月球表面平均有10米厚的沙土。月球表层的铁不仅异常丰富,而且便于开采和冶炼。据悉,月球上的铁主要是氧化铁,只要把氧和铁分开就行;此外,科学家已研究出利用月球土壤和岩石制造水泥和玻璃的办法。在月球表层,铝的含量也十分丰富。

月球表面分布着22个主要的月海,除东海、莫斯科海和智海位于月球的背面(背向地球的一面)外,其他19个月海都分布在月球的正面(朝向地球的一面)。在这些月海中存在着大量的月海玄武岩,22个海中所填充的玄武岩体积约10^{10}立方千米,而月海玄武岩中蕴藏着丰富的钛、铁等资源。若假设月海玄武岩中钛铁矿含量为8%,或者说二氧化钛含量为4.2%,则月海玄武岩中钛铁矿的总资源量约为$1.3×10^{15}$~$1.9×10^{15}$立方千米,尽管这种估算带有很大的推测性与不确定性,但可以肯定的是月海玄武岩中丰富的钛铁矿是未来月球可供开发利用的最重要的矿产资源之一。

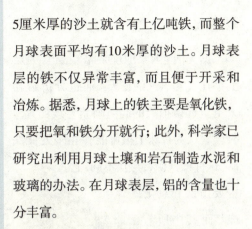

91

钛铁矿 〉

据美国《国家地理杂志》报道，月球上存在富含氧气的矿石。通过分析哈勃太空望远镜拍摄的高清晰紫外线照片，科学家认为月球上很可能存在多处钛铁矿。这种钛铁矿石与众不同，它主要由钛和氧化铁等组成，而其中所含的氧气，能相对较容易地被人类提取出来。因此经过科学处理，月球上的钛铁矿石就可以被应用为氧气源，这对将来执行登月任务的宇航员来说，无疑具有极其重要的意义。

在月球上，钛铁矿石的作用更为突出，除了能被转化为呼吸装置内的氧气外，还可以为火箭等太空运载工具提供燃料。月球钛铁矿石的外表也很奇特。戈达德太空飞行中心（隶属于美国国家航空航天局）的首席科学家吉姆·加文称："经过对月球某些区域的初步勘测，我们找到了含氧矿石存在的证据，这些矿石的外表如同玻璃一般。此外，将来人类重新登月后，这些矿石也会成为非常合适的搜寻目标，因为通过研究此类矿石，人类可能掌握在月球表面长期生存的技术。"

由于月球没有空气，环境恶劣，加上现有人类太空技术的限制，所以当宇航员登陆月球后，只能在登陆点附近的有限范围内，尽快采集隐藏在岩石或尘土中的钛铁矿样本，否则时间一长，就会面临氧气耗尽等威胁。

研究者已经掌握了数种从钛铁矿石提取氧气的方法。但这些方法仅仅在地球上被实践过，至于在月球表面环境下，这些提取方法能不能奏效，科学家目前还不得而知。但许多科学家对此表示乐观，认为在月球环境下成功提取氧气的可能性很大。

在太空望远镜拍摄的月球照片中，科学家认为，发现钛铁矿只是第一项成果，还有更多有关月球的秘密将在紫外线照片中被揭示。美国国家航空航天局的探月专家麦克·瓦格称："这些照片最关键的作用在于：告诉人类月球在物理和化学方面的演变过程。"要彻底分析这些照片，科学家至少还需要数个月，但分析的结果会有助于人类更了解月球这个近邻。揭示月球的秘密还有更深一层的意义，因为月球的演变同时涉及整个太阳系的历史。

"³氦"

对人类最富吸引力的，是月球土壤中含有大量气体状的"³氦"，这是一种比目前地球上核电站所用的氚原料的放射性要低得多的核材料。"³氦"原本大量存在于太阳喷射出来的高能粒子流(太阳风)中，在几乎没有大气的月球上，"太阳风"直接降落下来，久而久之，在月面的沙粒、岩石中，大约集聚有上100万吨这种材料，若能进行大量开采，不但可供月球开发所需能源，还可为21世纪地球核聚变提供取之不竭的核能原材料。

月球上大量存在的³氦是一种无色、无味的氦气同位素，它在核聚变研究中有重要作用。³氦还是一种绝对清洁的能源，不会产生任何放射性废料。许多科学家认为，一旦地球上的石油、铀和煤等能源告罄，³氦很可能成为未来人类的首选能源。但³氦在地球上非常稀少，其储量最多只有500千克而已。

根据科学家目前所掌握的资料，最大的³氦储量就在月球表面上，这和³氦的形成有密切的联系。其实，月球所蕴藏的

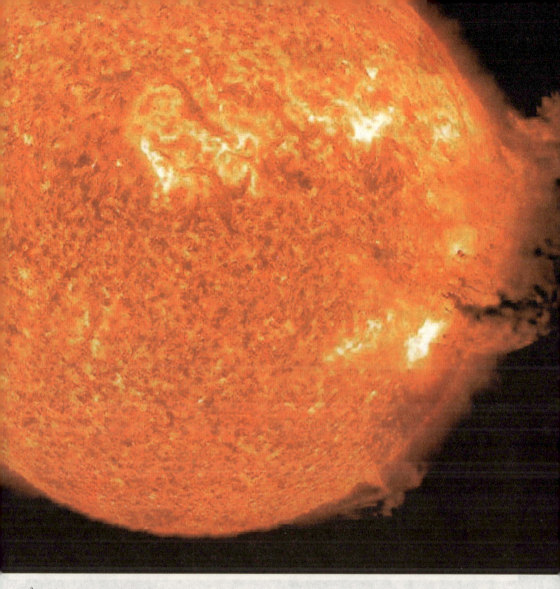

^{3}氦并不是在月球上形成，而是由太阳内的热核反应形成，然后借助太阳风被抛撒向宇宙的四面八方。那为什么到达地球的^{3}氦比到达月亮的少得多呢？因为地球有大气层的阻挡，所以^{3}氦很难落在地球表面。而月球与地球不同，它没有大气层，所以太阳风所携带的^{3}氦能顺利"降落"在月球表面的尘土中。

经过太阳风数百万年的"洗礼"，月球表面的^{3}氦储量相当可观。据科学家统计，月球上^{3}氦的蕴藏量已达5亿吨，如果采集后用来发电，可供全人类至少使用2000年（每燃烧1千克氦便产生19兆瓦的能量）。此外，太阳风还会将^{3}氦不断送往月球，所以只要太阳还在，其储量只会有增无减。

以目前的科技实力，想要把月球上的^{3}氦转移到地球，还要解决许多问题。例如如何在恶劣的月球表面执行开采任务；如何运输；如何从尘土中提取^{3}氦等等。但一些科学家坚信，只要在月球上设立10~20人的基地，就能方便地开采^{3}氦。

一位俄罗斯专家甚至还设想出开采^{3}氦的具体步骤：第一步，进行勘查工作，确定月球上哪里蕴藏^{3}氦最多；第二步，进行试验性开采，用特殊的太空掘土机收集月球尘土；第三步，采取最佳的提取技术，将月球尘土加热，然后分离出^{3}氦；第四步，将所得的^{3}氦液化，装上航天飞机运往地球。虽然开采和运输^{3}氦的方案非常复杂，而且耗资巨大，但一些科学家认为：面对地球的能源危机，这一切非常有必要。但真要在月球上实现^{3}氦的开采成功，还需全世界科研力量的联合以及庞大的资金支持。

除了钛铁矿和"^{3}氦"，克里普岩是月球高地三大岩石类型之一，因富含钾、稀土元素和磷而得名。克里普岩在月球上分布很广泛。富含钍和铀元素的风暴洋区的克里普岩被后期月海玄武岩所覆盖，克里普岩混合并形成高灶和铀物质，其厚度估计有10~20千米。风暴洋区克里普岩中的稀土元素总资源量约为225亿~450亿吨。克里普岩中所蕴藏的丰富的钍、铀也是未来人类开发利用月球资源的重要矿产资源之一。此外，月球还蕴藏有丰富的铬、镍、钠、镁、硅、铜等矿产资源。

月球资源属于谁 >

科学家们现在认为月球上存在水，而在冷战高峰时期签署的一个国际空间协议，预计会使任何国家都非常难以宣称对这些水资源拥有权利。这份1967年签署的协议已获美国、中国和印度和其他95个国家的批准，它事实上将阻止任何国家拥有月球。

法律专家们说，这一协议反映了当年美国和前苏联这两个超级大国的看法，它们认为宇宙空间应该被和平利用，不应在太空部署毁灭性武器，应为了全人类的利益来使用太空。

但科学技术和月球探测水平在过去40年中已经取得了进步。这正迫使律师们努力考虑，如何能让国际法有效管理外层空间的所有权问题。除非对月球资源开发权的法律保护能够大大明确，否则未必会有哪家公司能够开采月球资源。

身为太空法专家的纽约律师纳尔逊说，"谁发现归谁"的法律原则将不适用于月球和太空。

1979年签署的所谓"月球条约"(Moon Treaty)称，太空资源开采问题应该由未来确立的一套国际机构来解决，条约希望以此来推动太空立法的进展。目前只有13个中、小国家批准了这一条约。在包括美国的大多数西方国家，月球条约都被视于为商界不利。

这方面的其他国际努力进展要好一些。1998年，参与国际空间站计划的15个国家达成一项协议，为太空资源开发方面的罪行起诉和知识产权保护设定了程序。美国国家航空及太空总署说，美国、中国、俄罗斯、日本、韩国和一系列欧洲

国家的太空项目高级官员均已一致同意，各国要在制订宇宙勘探长期规划方面相互协调。

　　一些认为私人进行月球和宇宙勘探已"箭在弦上"的企业家说，法律制定工作必须迅速赶上科学技术的发展步伐。美国加州一家载人航天飞行生产运载火箭的公司的首席执行长格理森说，我们起步已经晚了，但与开发宇宙勘探技术相比，在宇宙勘探方面确立一套能为各方接受的法律机制要花更长时间。

❯ 月亮与复活节

复活节是西方的一个重要节日，在每年春分月圆之后第一个星期日。基督徒认为，复活节象征着重生与希望，为纪念耶稣基督于公元 30 到 33 年之间被钉死在十字架之后第三天复活的日子。复活节的具体日期是经由 3 个历法（分别是西历、中国阴历、星期）合并出来的，怪不得它会如此飘忽不定了！所以每年的复活节的具体日期是不确定的。但节期大致在 3 月 22 日至 4 月 25 日之间。

众所周知，基督教采用的是太阳历，耶稣出生为公元元年，按公元纪年。那么基督教与太阳历又有什么关系呢？基督教和太阳历的关系主要是因为基督教脱胎于犹太教，

基督教的大多数宗教纪念日都遵循犹太教。为了与月亮的循环保持一致，教会根据月球运行周期确定的基督教节日，在阳历中是浮动的。基督教中随月亮而定的节日，首先是庆祝耶稣复活的复活节。英国教会祈祷书规定"复活节永远是在 3 月 21 日，或在此日后月圆后的第一个星期日；如果月圆正逢星期日，那么复活节就在后面一个星期日。"其他至少还有 12 个宗教节日是参照复活节及其阳历日期而定的。结果是复活节在基督教历法中对大约 17 个星期起了支配作用。复活节这一日期的选定在某种程度上主宰了基督教历法，成为基督教的重要标志。

99

● 对未来月球的种种构想

构想1: 天地观测台 >

没有大气层的月球对任何频率的电磁波都不会有大气吸收, 它也没有地球上的电磁波 "污染" 或光 "污染", 因此月球也是进行射电天文观测的理想场所。月球自转速度很慢, 以至月球上的一昼夜约等于地球的一个月, 这样我们可以在月球上长时间地精确观测远距离或模糊的目标。月球的自转周期恰好等于它的公转周期, 因此它总是用一面正对着地球, 在这一面建立对地观察站, 将可以持续地对地球的地质构造及环境变化进行监测与研究, 特别是对近地空间乃至深空小天体对地球可能的撞击威胁进行监测。

构想2: 探星"桥头堡" >

月球几乎没有大气和弱重力场环境,因而从月面发射深空探测器或星际载人飞船比从地面要容易得多,所需的能量也小得多,因此月球是人类进军深空的天然发射平台,也是一个理想的深空探测中转站。由于月球上存在制备火箭液体推进剂的原料氧和氢,因而未来可以利用月球资源进行火箭推进剂生产。在未来执行载人火星探测任务时,许多关键技术都可以在月球基地进行试验验证,并可在月球基地长期训练宇航员,使他们逐渐适应长期离开地球的生活,为飞往火星乃至更远的星体作准备。

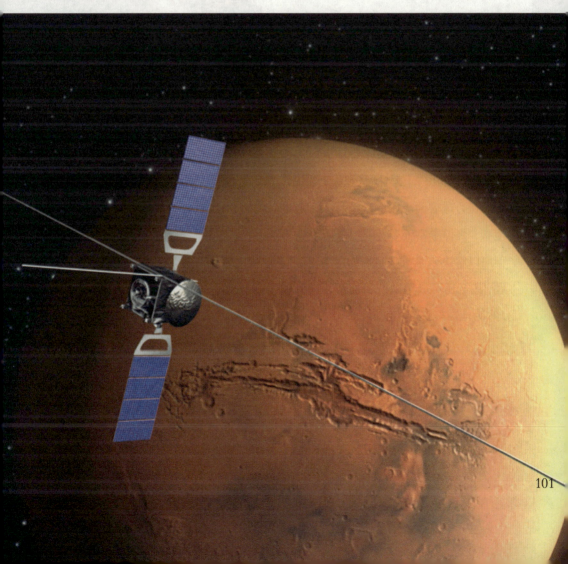

构想3: 能源 "聚宝盆" ＞

　　月球上有着丰富的资源。据估计, 月球土壤里含有大约100万吨至500万吨稀有气体元素^{3}氦, 而地球上可提取的^{3}氦只有15~20吨。如果把^{3}氦作为可控核聚变燃料, 它将是人类社会长期、稳定、安全、清洁和廉价的燃料资源, 可满足地球数万年的能源需求!

　　此外, 月球表面没有大气层, 太阳辐射可以长驱直入, 月球上可接收到丰富的太阳能。测算表明, 每年到达月球范围内的太阳光辐射能量大约为12万亿千瓦。假设使用目前光电转化率为20%的太阳能发电装置, 则每平方米太阳能电池板每小时可发电2.7千瓦时。从理论上来说, 可以在月球表面无限制地铺设太阳能电池板, 获得丰富而稳定的太阳能, 这不但可以解决未来月球基地的能源供应问题, 甚至还可以用微波将能量传输到地球, 为地球提供新的能源。

构想4：旅游梦天堂 ＞

虽然人类重返月球的计划要到十几年后才真正实施，但精明的商人们已经把目光投向月球旅游项目。美国太空探险公司正在与俄罗斯联邦航天署旗下的宇宙飞船制造商"能源"火箭航天集团合作开发这项"探月旅行"业务，从2010年开始，游客花费1亿美元就可以搭乘俄罗斯的"联盟"号载人飞船进行环月球旅游。

游客将首先飞往国际空间站，在站内停留一周之后再飞往月球，大约一周后返回。月球观光客将不会在月球表面着陆，而是只对月球进行近距离观察。俄罗斯联邦航天署今年表示，计划在2010年之后为俄罗斯首富、英超切尔西俱乐部老板阿布拉莫维奇安排一次环月球旅行，而预计此次旅行的费用高达3亿美元。

构想5：移民新大陆 >

俄罗斯"火箭之父"齐奥尔科夫斯基说："地球是人类的摇篮，但是人类不会永远生活在摇篮里。"中国航天医学工程研究所航天科普作家吴国兴教授介绍说，人类移民月球可能分为4个步骤：首先是建初级基地或称临时性基地；第二步是中级基地；第三步是高级基地或称永久性基地；最后一步是建月球移民区。

月球移民区的建设有可能是将数个高级月球基地联结起来，形成一个月球基地网，然后成为移民区，前后可能需要30年时间。但这不仅仅是规模扩大和人员增多，而是要有一个质的飞跃。月球移民区就是一个小的社会，应该具有人类社会的所有功能。它首先必须具有先进而完善的再生式生命安全保障系统，氧气、水、食品、电力供应和火箭燃料，生活

必需品基本上不依靠来自地球的物资供应，实现自给自足，此外还要解决宇宙辐射的防护问题和月球重力的适应问题。

作为一个人类生活的社区，月球移民区的建设不能只考虑移民住宅，还要包括各个功能区，如生活区、商业区、工业区、农业区、发射场、着陆回收场、月—地交通运输和移民区内的交通运输区等。

在21世纪的某个周末，地球上的人们也许会忘却一周的繁忙，搭乘便捷的"航天公共汽车"来到地球轨道上的空间中转站，乘坐定期发出的"地月班机"，到月球基地去旅游度假、探亲访友。那时，也许只有在历史书中才能找到"月球"这个词，因为，月球已经成为了人类版图上的第八个洲——月洲。

● 月球的未解之谜

形状之谜 ＞

早在18世纪末，法国数学家皮埃尔·西蒙·拉普拉斯就注意到，形状不规则的月球自转时会发生"颤抖"。"谜团在于月球太扁了。"美国麻省理工学院地球物理学与行星科学教授玛丽亚·朱伯告诉《纽约时报》记者。月球不是规则球形，而是两极直径略小于月球赤道(以下简称"赤道")直径的天体。仔细观察月球形状，我们会发现它好像被人用拇指和食指捏住两极"挤"过一样。

20世纪六七十年代，太空探测器发现，处于月球与地球地心连线上的月球半径被拉长，也就是说，如果沿赤道把月球分成两半，截面不是正圆，而是像橄榄球一样的椭圆，"球尖"指向地球。但迄今无人能就月球当前形状的成因给出完全令人信服的解释。

年龄之谜 〉

令人惊异的是，从月球带回的岩石标本，经分析发现其中99%的年龄要比地球上90%年龄最大的岩石更加年长。阿姆斯特朗在寂静海降落后捡起的第一块岩石的年龄是36亿岁。其他一些岩石的年龄分别为43亿岁、46亿岁和45亿岁。它几乎和地球及太阳系本身的年龄一样大，地球上最古老的岩石是37亿岁。1973年，世界月球研讨会上曾测定一块年龄为53亿岁的月球岩石。更令人不解的是，这些古老的岩石都采自科学家认为是月球上最年轻的区域。根据这些证据，有些

科学家提出，月球在地球形成之前很久很久便已在星际空间形成了。

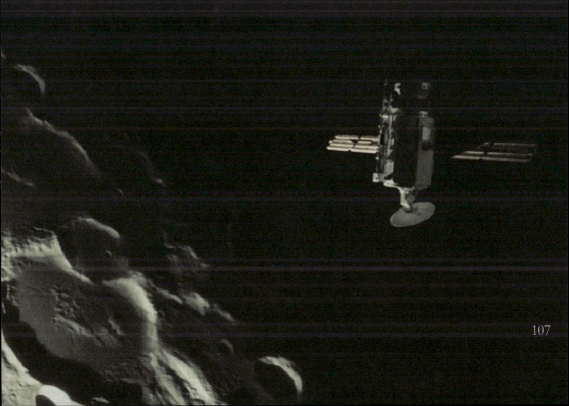

月球土壤的年岁比岩石年岁更大之谜 〉

月球古老的岩石已使科学家束手无策，然而，和这些岩石周围的土壤相比，岩石还算是年轻的。据分析，土壤的年龄至少比岩石大10亿年。乍一听来，这是不可能的，因为科学家认为这些土壤是岩石粉碎后形成的。但是，测定了岩石和土壤的化学成分之后，科学家发现，这些土壤与岩石无关，似乎是从别处来的。

声音之谜 〉

在阿波罗探险过程中，废弃的火箭第三级推进器会轰地一下撞在月球表面。据美国航空航天局的文件记载，每一次这样的响声，听起来仿佛是一个大铃铛的声音。当登月人员降落在颜色特别黑的平原上时，他们发现要在月球表面钻孔十分困难。土壤样品经分析后发现，其中含有大量地球上稀有的金属钛（它被用于超音速喷气机和宇宙飞船上）；另一些硬金属，如锆、铱、铍的含量也很丰富。科学家觉得迷惑不解，因为这些金属只有在很高的高温——约华氏4500度下，才会和周围的岩石融为一体。

不锈铁之谜 〉

　　月面岩石样其中还含有纯铁颗粒，科学家认为它们不是来自陨星。前苏联和美国的科学家还发现了一个更加奇怪的现象：这些纯铁颗粒在地球上放了7年还不生锈。在科学世界里，不生锈的纯铁是闻所未闻的。

放射性之谜 〉

月球中厚度为12.87千米的表层具有放射性，这也是一个惊人的现象。当阿波罗15的宇航员们使用温度计时，他们发现度数高得出奇，这表明，亚平宁平原附近的热流的确温度很高。一位科学家惊呼：上帝啊，这片土地马上就要熔化了！月球的核心一定更热。然而，令人不解的是，月心温度并不高。这些热量是从月球表面大量放射性物质发出的，可是这些放射性物质（铀、铊和钍）是从哪里来的？假如它们来自月心，那么它们怎么会来到月球表面？

月球从地球偷能量？ 〉

地球上的潮汐现象多数是由月亮引起的（太阳的作用稍小一点），潮汐的秘密是这样的：由于月亮绕着地球旋转，地球上的海洋受到月球的引力牵引作用，面对月亮的那一面就出现高潮，这恐怕人人都知道。而与此同时，地球上远离月球的另一面也出现另一个高潮，这是因为月球对地球本身的引力牵引作用大于对其水体的作用，从而使另一面的海水向外"鼓"而造成的。

在满月和新月时，太阳、月亮和地球都在一条线上，这时形成的潮异乎寻常的大，我们称之为朔望大潮。而当月亮在最初的和最后的1/4月牙时，较小的潮就形成了。月球以29.5天的周期环绕地球的轨道并不是一个规则的圆形，当月亮到达离地球最近处（我们称之为近地点）时，朔望大潮就比平时还要更大，这时的大潮被称为近地点朔望大潮。 所有这些牵引现象还产生了另外一个有趣的作用：通过牵引，地球的自转能量被月球一点点地"偷"走了，因此每100年我们的地球自转周期就要减慢1.5毫秒。

月亮每年逃离3.8厘米 〉

当你阅读本书时，月亮正在悄悄地从地球身边溜走。每一年，月球都从地球上吸取一点自转能量，并利用这能量来使自己在轨道上向外偏离3.8厘米。天文学家告诉我们，当月亮形成的时候，它与地球的距离仅仅是22 530千米，而现在的距离最远时已经拉大到了405 500千米，而且随着时间的推移，月亮会走得越来越远。

关于月亮的遐想和疑思

假如地球没月亮做"伴"会怎么样 >

首先再也看不到月圆的美景了,夜晚只有星空没有月光反射,而且也没有潮汐了,再也看不到明显的潮涨潮落。月球是地球的唯一卫星,对地球具有引潮力的作用。科学家们已经研究证实,月球引潮力不仅能诱发地震、对人体健康和生物活动产生影响,而且对地球的天气气候也有影响。

其一是:月球引潮力能使地球自转轴的倾斜角保持稳定,从而使地球的气候相对稳定。如大家所知,月球和地球作为两个不同的天体,相互之间具有引力作用,现在地球自转轴的倾斜角变化在5°以内。但是如果没有月球,地球自转轴的倾斜角会以数百万年为一周期由0°~50°变化,地球气候因而也会大幅度变化,最终将使地球成为生物无法生存的环境。

其二是:月球引潮力还会掀动大气,形成所谓的"气潮"。"气潮"可以影响气压和天气,比如满月时的气压往往较

低,古希腊人认为新月两头发红连续3个夜晚,就要当心发生风暴;美国国家大气研究中心也发现,全美最厉害的暴风雨发生在新月后1~3天或月圆后的3~5天。因此,有人主张在预报天气时应考虑月相。

其三是:月圆之夜地球还会稍许变暖。这是美国亚利桑那州立大学的气候学专家罗伯特·巴林和兰德尔塞维尼通过分析气象卫星的观测结果后发现的。通过15年的观察,气象卫星精确测定了月光照射后产生的地球表面温度的细微变化,结果发现满月时地球的平均气温上升了0.017℃。

实际上,月球本身并不发光,它是通过对太阳光的反射向地球传送热量的,满月之际亮度最高,此时照射到地面上的月光大约携带着每平方米0.0102瓦的热量。

美国太空总署的科学家谢鲁·皮尔逊博士研究指出,在太阳系最初形成时,月

球即受到地球的牵引而成为它的卫星，而月球在被扯到靠近地球的过程中，曾经对地球产生了极大的影响。

当月球接近地球时，地球表面的海洋出现强烈的潮汐起伏，这种起伏所引起的巨大摩擦力，使地球温度剧增，导致地心熔化，地心的岩浆在高温及高牵引力的作用下，出现旋转式的滚动，其结果产生了磁场，这个"超巨"的磁场，对地球形成了一个"保护盾"，减少了来自太空的宇宙射线的侵袭，地球上生物得以生存滋长，全赖这个磁场保护盾的庇护，如果没有这个保护盾，外来的辐射线，会将最初出现在地球上的生命幼苗全部杀死。

在月照下，植物生长的速度快、长得好，特别是对于几厘米高、发芽不久的植物，如向日葵、玉米等最有利，当花枝因损伤出现伤口时，月亮还能清除伤口中那些不能再生长的纤维组织，加快新陈代谢，使伤口愈合。

月相的变化对植物的播种也有影响，胡萝卜、白萝卜、西红柿、芹菜、白菜等适宜在上弦月时播种，茄子、洋葱、韭菜、南瓜等适宜在新月时播种。

人与月球的关系也十分密切，精神病学家指出，人体约有80%是液体，月球引力也能像引起海洋潮汐般对人体中的液体发生作用，造成人体的"生物高潮"和"生物低潮"，满月的时候，生物潮处于高峰，月亮对人的行为影响比较强烈，这时人的头部和胸部的电势差比较大，人容易激动，情绪最不稳定，最易出事。比如青年人喜欢在月夜谈情说爱，而嗜酒者和精神不太正常的人常在月夜发作。美国伊利诺斯州立大学教授毛雷斯甚至指出，人类的谋杀、毒害、抑郁和心脏病等与月亮的盈亏也有一定关系。

人类什么时候才可能搬到月球上面居住 〉

自从1969年第一次登上月球之后，人们就梦想将来的月球旅行和开发月球。21世纪正是人类开发月球的世纪。

开发月球需要有许多必要的条件，首先是需要在月球上具备必不可少的水和空气。1998年月球勘探者号飞船环绕月球飞行时，发现月球南极由冻结的冰湖，据说可能有100亿吨水，如果确实如此，那对开发月球大为有利，因为要从地球上把大量的水运往月球是太困难和太昂贵了，还要在月球上让植物生长，或许还要饲养动物，还要把废水再利用。美国曾经为此建立了一个生物圈2号实验站，让人和植物居住在一个密封的环境中，一切物质都为维持正常的生活进行循环利用，这就是为了未来人到别的星球上生活做试验。结果3年之后失败了，当然新的试验还要进行下去，只有通过了这一关，才可能叩开月球和火星的生存大门。在月球上建造基地需要有新的建筑材料，挖掘矿藏和进行勘探也少不了机器人帮忙。我们相信，人类克服种种困难，在月球建立基地，进行科研，进行开发等一定能在下个世纪实现。到那时，月球旅行的梦想亦能成为现实。

为什么会发生潮汐 〉

到过海边的人都知道，海水有涨潮和落潮现象。涨潮时，海水上涨，波浪滚滚，景色十分壮观；退潮时，海水悄然退去，露出一片海滩。涨潮和落潮一般一天有两次。海水的涨落发生在白天叫潮，发生在夜间叫汐，所以统称潮汐。我国古书上说"大海之水，朝生为潮，夕生为汐"。在涨潮和落潮之间有一段时间水位处于不涨不落的状态，叫作平潮。

许多学者都探讨过这一问题，提出过一些假想。古希腊哲学家柏拉图认为地球和人一样，也要呼吸，潮汐就是地球的呼吸。他猜想这是由于地下岩穴中的振动造成的，就像人的心脏跳动一样。我国晋朝有人则认为，海水的定期涨落是因为有一条无比巨大的海生动物定期出入海宫而造成的。

我国古代余道安在他著的《海潮图序》一书中说："潮之涨落，海非增减，盖月之所临，则之往从之"。哲学家王充在《论衡》中写道："涛之起也，随月盛衰。"指出了潮汐跟月亮有关系。到了17

117

世纪80年代，英国科学家牛顿发现了万有引力定律之后，提出了潮汐是由于月亮和太阳对海水的吸引力引起的假设，科学地解释了产生潮汐的原因。原来，海水随着地球自转也在旋转，而旋转的物体都受到离心力的作用，使它们有离开旋转中心的倾向，这就好像旋转张开的雨伞，雨伞上水珠将要被甩出去一样。同时海水还要受到月球、太阳及其他天体的吸引力，因为月球离地球最近，所以月球的吸引力相对较大。这样海水在这两个力的共同作用下形成了引潮力。由于地球、月球在不断运动，地球、月球与太阳的相对位置在发生周期性变化，因此引潮力也在周期性变化，这就使潮汐现象周期性地发生。一日之内，地球上除南北两极及个别地区外，各处的潮汐均有两次涨落，每次周期12小时25分，一日两次，共24小时50分，所以潮汐涨落的时间每天都要推后50分钟。生活在海边有经验的人，大都能推算出潮汐发生的时间。

为什么月球不会掉落到地球上来 〉

　　月亮围绕地球运动，这情形跟飞机飞行一样，月亮绕地球飞行的速度快慢正合适，既没有快到脱离地球的程度，也没有慢到要掉下来的程度。地球的引力像一根无形的绳子，一头拴着自己，一头系着月亮，使得飞快旋转的月亮既不能跑出地球引力的范围而飞到宇宙别的地方去，也不会掉到地面上来。

　　所以，只要月亮绕地球运行一直保持目前的速度，那么就不会掉落到地球上来。

为什么月球朝向地球的总是同一面

月球公转周期27.321 661天，这一周期叫作"恒星月"。自转周期27.321 661 55天，因为两者相当接近，所以我们看到的月球总是同一面。其实月球自转周期并不与公转周期完全吻合，而且自转、公转周期也在不停地变化，即在上千万亿年的时间里，月球背向我们的那一面是在逐渐变化的，只是这个变化速度很慢，对于较小的时间尺度如几个世纪来说，我们可以说月球总是以相同的一面朝着我们。由于月球的轨道是一个倾斜的椭圆形轨道，它在不同的轨道位置面向地球的一面稍有不同，所以人们从地球上可以观测到月球整个表面的59%。

因为我们的月球很巧妙，它的自转周期和公转周期几乎是一样的，因此你永远只能看到这一半，绝没有任何人能看到另一半，所以我们看到的月球就是这个样子。

月亮为什么会跟着人走 〉

　　当你晚上一边走路,一边看着月亮时,会觉得月亮彷佛在伴你同行,我们停下来,月亮也不动了,似乎月亮在跟着人走一样。如果你用同样的方式看星星,或是远方的山顶,你会发现,它们也和月亮一样会跟着走。

　　其实这些东西并没有跟着人走,你觉得它们跟着你,那是因为当你在走动时,往往会注意周围的景物,然而人的视域却是有限的。当你行进时,靠近身边的景物因为你很快地就走过了它,而在你

的视域中消失,但是,那些离你较远的景物,却因为在你的视域中占着较小的位置,所以,移动得较缓慢,因此也就觉得较不容易消失。

　　所以,你会以为它们一直在跟着你走。但是,月亮跟着人走的感觉似乎特别明显,这是为什么呢? 原来,当黑夜来临之后,所有的景物都变成一片黑暗,只有月亮的光芒清晰可见。当你走在黑暗之中,月亮成了停留在你的视域中最久的事物,因此,你才会觉得月亮一直跟着自己

走。

其实,月亮是不会跟人走的,我们产生这种感觉:一是因为月亮是巨大的天体,离我们很远,身边没有什么东西能遮挡住它们的光辉,不是它跟着我们走,而是我们走到哪儿也走不出它的范围。二是因为相对运动产生的错觉。比如坐在开动的火车上,就会感到两边的树木、田野在移动,其实只不过是火车在动而已。月亮跟着人走也是一样的,并不是月亮在走,而是我们人在走罢了,只是人走的距离较地球和月亮来说简直太小了。同时月球距离地球的距离是38万千米。当人仰望空中的明月,它在一定的位置,当人走动的时候,移动了距离,但是对于地球来说这点距离完全可以忽略不计,对月亮来说视角变化也完全可以忽略不计,这也就是走路几乎不会改变你和月亮之间的相对位置的意思,看起来就像是月亮在跟着人走了。

月球磁场为什么消失 >

在对美国阿波罗号宇航员从月球上带回的岩石的研究中，科学家们发现，月球周围的磁场强度不及地球磁场强度的1/1000，月球几乎不存在磁场。但是，研究表明，月球曾经有过磁场，后来消失了。

月球磁场从其诞生之后的5亿–10亿年开始，直至36亿—39亿年期间，是有磁场的。但是，当它出现了6亿—9亿年之后，磁场却突然消失了。地球的磁场起源

于地球内部的地核，科学家认为，地核分为内核和外核，内核是固态的，外核是液态的。它的黏滞系数很小，能够迅速流动，产生感应电流，从而产生磁场。也就是说，所有的行星其磁场都是通过感应电流作用才产生的。

对月球表面岩石的分析结果，月球不存在可以产生感应电流作用的内核。相反，所有的证据表明，月球的表面是一个已经溶解的外壳，是由流动的熔岩流

体形成的"海"，后来因冷却变成了现在这副模样。最初，几乎所有的天文学者都以为人类在月球上找到了海，其实月球上发暗的部分，正是熔岩流体冷却形成的。那么，磁场到底是从哪里产生的呢？美国加利福尼亚大学地球行星系的思德克曼教授率领的物理学专家组针对这一专题进行了三维模拟试验。经试验，他们终于得出了结论。据该小组介绍：体轻且流动的岩石，形成了熔岩的"海洋"，它们在从下面漂向月球表面的时候，在其表面之下残留了大量的类似钍和铀一样的重放射性元素。这些元素在崩溃时放出大量的热，这些热量就像电热毯一样，加热了月球的内核。被加热的物质与月球的表面形成对流，从而产生了感应电流作用。此时，也就产生了月球磁场。但是，当放射性元素崩溃超越一定点时，对流现象中止，于是感应电流作用也随之消失。正是由于这样的变化，才最终导致月球磁场的消失。

· 月面为什么千疮百孔

　　根据对月球各类岩石成分、构造与形成年龄的研究，科学家认为，月球约形成于45.6亿年前。月球形成后曾发生过较大规模的岩浆洋事件，通过岩浆的熔流过程和内部物质调整，于41亿年前形成了斜长岩月壳、月幔和月核。在40亿—39亿年前，月球曾遭受到小天体的剧烈撞击，形成广泛分布的月海盆地，称为雨海事件。在39亿—31.5亿年前，月球发生过多次剧烈的玄武岩喷发事件，大量玄武岩填充了月海，厚度达0.5~2.5千米，称为月海泛滥事件。31.5亿年以来，月球内部的能源逐渐枯竭，未发生大规模的岩浆火山活动与月震，但小天体的撞击仍不断发生，形成具有辐射纹及重叠的撞击坑，这便是月面为什么千疮百孔的原因。

月球上有没有火山分布 ＞

在浩瀚的星空中，月球看起来总是如此平静，那里也有火山吗？

的确，月球上没有类似夏威夷或圣·海仑那样的火山。然而，它的表面却被巨大的玄武熔岩（火山熔岩）层覆盖。

早期的天文学家认为，月球表面的阴暗区是广阔的海洋，因此，他们称之为"mare"，这一词在拉丁语中的意思就是"大海"。当然这是错误的，这些阴暗区其实是由玄武熔岩构成的平原地带。除了玄武熔岩构造，月球的阴暗区，还存在

其他火山特征。最突出的，例如蜿蜒的月面沟纹、黑色的沉积物、火山圆顶和火山锥。不过，这些特征都不显著，只是月球表面火山痕迹的一小部分。

与地球火山相比，月球火山可谓老态龙钟。大部分月球火山的年龄在30亿—40亿年之间；典型的阴暗区平原，年龄为35亿年；最年轻的月球火山也有1亿年的历史。而在地质年代中，地球火山属于青年时期，一般年龄皆小于10万年。地球上最古老的岩层只有39亿年的历史，年龄最

大的海底玄武岩仅有200万岁。年轻的地球火山仍然十分活跃，而月球却没有任何新近的火山和地质活动迹象，因此，天文学家称月球是"熄灭了"的星球。

地球火山多呈链状分布。例如安第斯山脉，火山链勾勒出一个岩石圈板块的边缘。夏威夷岛上的山脉链，则显示板块活动的热区。月球上没有板块构造的迹象。典型的月球火山多出现在巨大古老的冲击坑底部。因此，大部分月球阴暗区都呈圆形外观。冲击盆地的边缘往往环绕着山脉，包围着阴暗区。

月球阴暗区主要出现在月球较远的一侧，几乎覆盖了这一侧的1/3面积。而在较远一侧，阴暗区的面积仅占2%。然而，较远一侧的地势相对更高，地壳也较厚。由此可见，控制月球火山作用的主要因素是地表高度和地壳厚度。

月球的地心引力仅为地球的1/6，这意味着月球火山熔岩的流动阻力，较地球更小，熔岩行进更为流畅。这就可以解释，为什么月球阴暗区的表面大都平坦而光滑。同时，流畅的熔岩流很容易扩散开，因而形成巨大的玄武岩平原。此外，地心引力小，使得喷发出的火山灰碎片能够落得更远。因此，月球火山的喷发，只形成了宽阔平坦的熔岩平原，而非类似地球形态的火山锥。这也是月球上没有发现大型火山的原因之一。

月球上没溶解的水。月球阴暗区是完全干涸的。而水在地球熔岩中是最常见的气体，是激起地球火山强烈喷发的重要因素之一。因此，科学家认为缺乏水分，也对月球火山活动产生巨大影响。具体的说，没有水，月球火山的喷发就不会那么强烈，熔岩或许仅仅是平静流畅地涌出地面。

为什么存在最大的满月和最小的满月 ＞

月球环绕地球运行的轨道并不是一个圆形，而是一个椭圆形，因此月球每次环绕一周时，地球中心与月球中心的距离是不断变化的。当月球抵达近地点时，与地球的距离为363 300千米时，在地球上月球呈现出最大的满月；当月球抵达远地点时，与地球的距离为405 500千米时，在地球上月球呈现出最小的满月。最小满月比最大满月小14%，但亮度却增加30%。实际上最大满月和最小满月之间并不是月球体积变大，只是它与地球的距离发生变化而已。

● 中西语境中的月亮神话

月亮是月球的文学概念，月球更多是一种天文学概念，而月亮能带给我们无限的遐思。古往今来，世界各国有关月亮的神奇传说、美丽故事层出不穷，代代流传，它们寄寓了人类飞向广袤空间的美好愿望。人类对月亮有着延绵的情结，文人墨客更是对月亮情有独钟。

嫦娥奔月 〉

"明月几时有？把酒问青天。"很久以来，生活在地球上的远古先民们就对月亮赋予了极为丰富的想象。"今人不见古时月，今月曾经照古人。古人今人若流水，共看明月皆如此"。有关月亮的神话传说也就很自然地产生了。在古人的想象中，月亮是天上仙境，月亮上有月宫，有嫦娥，有玉兔，有桂树……

传说帝尧时代，天上突然出现10个太阳，给神州带来了恐怖和灾难。一个叫后羿的神射手，把其中9个太阳射了下来，替万民消除了灾难。王母娘娘赐给后羿一包不死药。后羿的徒弟蓬蒙知道后，趁后羿不在，威逼他的妻子嫦娥交出不死药。嫦娥危急之时拿出不死药一口吞了下去，顿时，身子立时飘离地面、冲出窗口，向天上飞去。由于嫦娥牵挂着丈夫，便飞落到离人间最近的月亮上成了仙。后羿回到家，侍女们哭诉了白天发生的事。悲恸欲绝的后羿，仰望着夜空呼唤爱妻的名字。这时他惊奇地发现，今天的月亮格外皎洁明亮，而且有个晃动的身影

酷似嫦娥。

后羿急忙派人到嫦娥喜爱的后花园里，摆上香案，放上她平时最爱吃的蜜食鲜果，遥祭在月宫里眷恋着自己的嫦娥。百姓们闻知嫦娥奔月成仙的消息后，纷纷在月下摆设香案，向善良的嫦娥祈求吉祥平安。从此，中秋节拜月的风俗在民间传开了。

与流传甚广的"嫦娥奔月"相左，《全上古文》辑《灵宪》则记载了"嫦娥化蟾"的故事："嫦娥，羿妻也，窃王母不死药服之，奔月。将往，枚占于有黄。有黄占之曰：'吉，翩翩归妹，独将西行，逢天晦芒，毋惊毋恐，后且大昌。'嫦娥遂托身于月，是为蟾蜍。"嫦娥变成癞蛤蟆后，在月宫中终日被罚捣不死药，过着寂寞清苦的生活。李商隐曾有诗感叹嫦娥："嫦娥应悔偷灵药，碧海青天夜夜心。"

月亮女神阿尔忒弥斯 >

古希腊神话中的月亮女神阿尔忒弥斯是太阳神阿波罗的妹妹，非常漂亮，同时也是个很厉害的弓箭手，掌管着狩猎，身边常伴着她心爱的弓箭和猎犬。每天她驾着银色的马车在夜空中奔驰，代表了夜间的一切——寒冷、寂寞以及亡灵的道路。她还是未婚少女的守护神——她自己也是终身未嫁，这里面还有个悲伤的故事。

海王波赛冬有个儿子，名叫奥列翁，他非常喜欢射箭，是个很好的猎手，还喜欢在海面上狂奔。月亮女神很喜欢奥列翁，他们相识了，并且彼此相爱，经常一起在丛林中狩猎，在海面上狂奔。女神的哥哥阿波罗很讨厌奥列翁，也不喜欢妹妹与奥列翁的这段感情，于是决意要除掉奥列翁。一天，奥列翁正在海面上飞奔的时候，阿波罗用金色的光罩住奥列翁把他隐藏起来，使任何人都看不出奥列翁的本来面目，然后就去怂恿喜欢射箭的妹妹月亮女神把远处的金色物体当作靶子。月亮女神当然不知道这是哥哥的阴谋，射出一支箭，正中奥列翁的头部。后来她知道了自己射死的是心上人奥列

翁,于是陷入绝望之中,日夜哭泣。为了
永远珍藏对奥列翁的爱情,她请求宙斯
把奥列翁升到天上,希望自己乘坐银马
车在天空奔跑中随时可以看到。宙斯接
受了她的请求,把奥列翁变为天上的星
座——猎户座。女神发誓,终身不嫁,她
要永远在夜空中陪伴着奥列翁。

图书在版编目（CIP）数据

月球漫步 / 马少丽编著. –– 北京：现代出版社，2014.1

ISBN 978–7–5143–2082–4

Ⅰ.①月… Ⅱ.①马… Ⅲ.①月球 – 青年读物②月球 – 少年读物 Ⅳ.①P184–49

中国版本图书馆CIP数据核字(2014)第008630号

月球漫步

作　　者	马少丽
责任编辑	王敬一
出版发行	现代出版社
地　　址	北京市安定门外安华里504号
邮政编码	100011
电　　话	(010) 64267325
传　　真	(010) 64245264
电子邮箱	xiandai@cnpitc.com.cn
网　　址	www.modernpress.com.cn
印　　刷	汇昌印刷(天津)有限公司
开　　本	710×1000　1/16
印　　张	8.5
版　　次	2014年1月第1版　2021年3月第3次印刷
书　　号	ISBN 978–7–5143–2082–4
定　　价	29.80元